U0353517

珠宝鉴藏全书

李　忠　编著

CCTP
全国百佳出版社
中央编译出版社
Central Compilation & Translation Press

图书在版编目(CIP)数据

珠宝鉴藏全书 / 李忠编著. —北京：中央编译出版社，2017.2
(古玩鉴藏全书)
ISBN 978-7-5117-3133-3

I. ①珠… II. ①李… III. ①宝石－鉴赏－中国②宝石－收藏－中国 IV. ①TS933.21②G262.3

中国版本图书馆 CIP 数据核字 (2016) 第 235915 号

珠宝鉴藏全书

出 版 人：葛海彦
出版统筹：贾宇琰
责任编辑：邓永标　舒　心
责任印制：尹　珺
出版发行：中央编译出版社
地　　址：北京西城区车公庄大街乙 5 号鸿儒大厦 B 座 (100044)
电　　话：(010) 52612345 (总编室)　(010) 52612371 (编辑室)
(010) 52612316 (发行部)　(010) 52612317 (网络销售)
(010) 52612346 (馆配部)　(010) 55626985 (读者服务部)
传　　真：(010) 66515838
经　　销：全国新华书店
印　　刷：北京鑫海金澳胶印有限公司
开　　本：710 毫米 × 1000 毫米　1/16
字　　数：350千字
印　　张：14
版　　次：2017 年 2 月第 1 版第 1 次印刷
定　　价：79.00 元

网　　址：www.cctphome.com　邮　　箱：cctp@cctphome.com
新浪微博：@中央编译出版社　微　　信：中央编译出版社 (ID：cctphome)
淘宝店铺：中央编译出版社直销店 (http://shop108367160.taobao.com) (010) 52612349

前言

中国是世界上文明发源最早的国家之一，也是世界文明发展进程中唯一没有出现过中断的国家，在人类发展漫长的历史长河中，创造了光辉灿烂的文化。尽管这些文化遗产经历了难以计数的天灾和人祸，历尽了人世间的沧海桑田，但仍旧遗留下来无数的古玩珍品。这些珍品都是我国古代先民们勤劳智慧的结晶，是中华民族的无价之宝，是中华民族高度文明的历史见证，更是中华民族五千年文明的承载。

中国历代的古玩，是世界文化的精髓，是人类历史的宝贵的物质资料，反映了中华民族的光辉传统、精湛工艺和发达的科学技术，对后人有极大的感召力，并能够使我们从中受到鼓舞，得到启迪，从而更加热爱我们伟大的祖国。

俗话说："乱世多饥民，盛世多收藏。"改革开放给中国人民的物质生活带来了全面振兴，更使中国古玩收藏投资市场日见红火，且急遽升温，如今可以说火爆异常！

古玩收藏投资确实存在着巨大的利润空间，这个空间让所有人闻之而心动不已。于是乎，许多有投资远见的实体与个体（无论财富多寡）纷纷加盟古玩收藏投资市场，成为古玩收藏的强劲之旅，古玩投资市场也因此而充满了勃勃生机。

艺术有价，且利润空间巨大，古玩确实值得投资。然而，造假最凶的、伪品泛滥最严重的领域也当属古玩投资市场。可以这样说，古玩收藏投资的首要问题不是古玩目前的价格与未来利益问题，而应该说是它们的真伪问题，或者更确切地说，是如何识别真伪的问题!如果真伪问题确定不了，古玩的价值与价格便无从谈起。

为了更好地解决这一问题，更为了在古玩收藏投资领域仍然孜孜以求、乐此不疲的广大投资者的实际收藏投资需要，我们特邀国内既研究古玩投资市场，又在古玩本身研究上颇有见地的专家编写了这本《珠宝鉴藏全书》，以介绍珠宝专题的形式图文并茂，详细阐述了珠宝的起源和发展历程、珠宝的分类和特征、收藏技巧、鉴别要点、保养技巧等。希望钟情于珠宝收藏的广大收藏爱好者能够多一点理性思维，把握沙里淘金的技巧，进而缩短购买真品的过程，减少购买假货的数量，降低损失。

本书在总结和吸收目前同类图书优点的基础上进行撰稿，内容丰富，分类科学，装帧精美，价格合理，具有较强的科学性、可读性和实用性。

本书适用于广大珠宝收藏爱好者、国内外各类型拍卖公司的从业人员，可供广大中学、大学历史教师和学生学习参考，也是各级各类图书馆和拍卖公司以及相关院校的图书馆装备首选。

编者

2016年11月于北京・阅园

目录

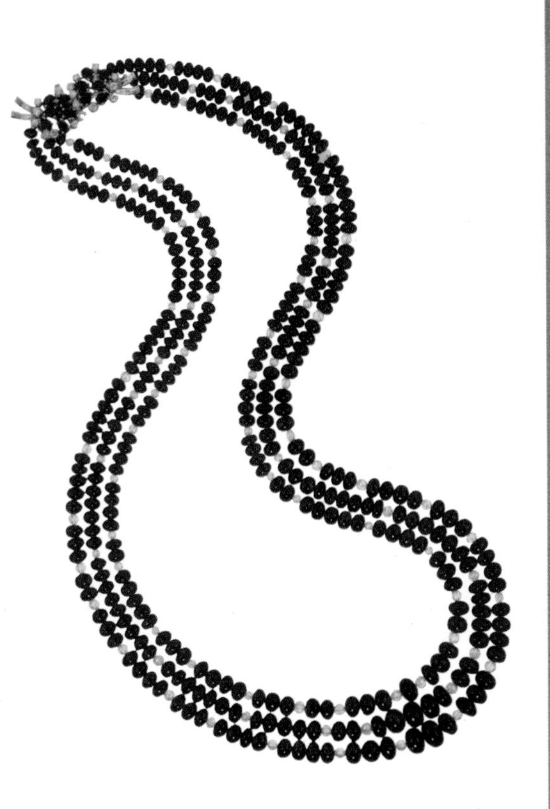

第一章

认识珠宝

第二章

珠宝的价值

第三章

钻石鉴赏与收藏

第四章

红珠宝、蓝珠宝鉴赏与收藏

第五章

珍珠鉴赏与收藏

第六章

猫眼石鉴赏与收藏

第七章

祖母绿鉴赏与收藏

第八章

琥珀鉴赏与收藏

第一章

认识珠宝

一 珠宝的概念

顾名思义，珠宝就是一种宝贵的石头。珠宝，是天然产出的珠宝、玉石和包括珍珠在内的有机珠宝的泛称。近代，由于科技的发展，珠宝的概念也扩及到了一些用科技手段制造出来的合成珠宝和仿珠宝。其实，珠宝一词，长期以来一直存在着一定程度的混乱，有广义和狭义两种含义。

广义的珠宝是珠宝的同义词。更准确地说，它是自然界在特定的地质条件下或其他自然条件下形成的，具有观赏、装饰或收藏投资价值的比较稀少和珍贵的矿物或岩石，以及与它们类似的天然或人工制成品。

在上述定义中，我们引入了“矿物”和“岩石”这两个名词。它们指的又是什么物质呢?

矿物是地球上一切地体的基本组成单元。从其化学组成来说，可区分为单质矿物和化合物矿物两类。前者是由某一种元素自身结合而成的；后者则是由两种或两种以上元素互相化合而成的。

已知绝大多数矿物是以固体的形态产出的，而且它们还几乎都是晶体。矿物的物理化学性质，不仅取决于其化学成分，也取决于其晶体结构，所以，具有相同化学成分但晶体结构不同的两种矿物，如钻石和石墨，会具有完全不同的性质。

岩石是由许许多多矿物小晶体构建而成的，所以也可称为“矿物集合体”。有的岩石基本上是由同一种矿物集合组成的，称为单矿物岩；由两种或两种以上矿物集合组成的岩石，称多矿物岩。例如，我国河南南阳地区出产的著名的独山玉便是一种多矿物岩，它由斜长石、黝帘石、铬云母等几种不同的矿物集合而成。

狭义的珠宝概念则有珠宝和玉石之分：珠宝指的是色彩瑰丽、晶莹剔透、坚硬耐久、稀少，并可琢磨成珠宝首饰的单矿物晶体，包括天然的和人工合成的，如钻石、蓝珠宝等；而玉石是指由自然界出产的，具有美观、耐久、稀少性和工艺价值的矿物集合体，少数为非晶质体，如翡翠、软玉、独山玉、岫玉等。

二 珠宝的三个基本属性

地球上已知矿物有3000多种，岩石的种类则可以说是不计其数，生物的产物也多种多样，但可用作珠宝的，总数不超过200种。

为什么珠宝的比例如此之低呢？原来，这是由于珠宝还有三个最基本的属性，只有符合这三个基本属性的矿物或岩石，才有可能跻身珠宝的殿堂。

1 | 美观

美是珠宝的灵魂。珠宝要让人喜爱，具有观赏和装饰价值，美当然是首要的条件。只有美丽的矿物和岩石才会被选为珠宝。我国古人就曾指出："玉，石之美者"，简洁明了地说出了珠宝的本质。珠宝的美，通常率先体现在它的色彩上，凡是具有明媚、悦目、纯正色彩的珠宝多被视为上品，否则即使其他条件再好，也与珠宝无缘。美还涉及许多其他方面的因素，如光泽是否璀璨，亮度是否耀眼，是否晶莹剔透，有无所谓的"出火"现象，有无有碍观感的瑕疵等。

◁ **天然满绿翡翠配镶钻石项链**

珠粒直径约为11.25毫米～14.6毫米，珠链长度约为550毫米

此项链由33颗满绿色翡翠珠子串联而成，饱满莹润，颜色浓郁均匀，属翠中上品。

◁ **翡翠18K金镶钻项链**

项链长度约420毫米，重35.36克

翡翠11粒，钻石5.25克拉，18K金，中国台湾制作。

▷ **翡翠珠子项链**

珠子直径大约为9.5毫米～10毫米，珠链总长度为750毫米

2 | 稀罕

珠宝除了美观艳丽外，还要有一定的“身价”，这就要求它应该数量较少，才能“物以稀为贵”。稀罕有两种情况。首先，它在自然界中本来就产量稀少。例如，钻石就是一种产量比较稀少的物质。据统计，即使在含钻石比较丰富的矿山上，人们平均每开采3吨多矿石才能获得不足1克拉（1克拉=0.2克）的钻石。而且这些钻石中有的由于存在这样那样的弊病，还不能用作珠宝，仅可用于工业，其中只有一小部分可选作珠宝，但在把它们加工成一定琢型时，常常还会有1／3～1／2被人为地磨削掉。因此，实际上要取得1克拉磨好的钻石，人们平均要开采20吨左右的矿石。其次，造成珠宝稀罕的另一情况是加工困难。例如，在我国的古籍中，一直把珍珠玛瑙视为财富的象征，可见玛瑙在古人的心目中是十分贵重的。这是因为玛瑙十分坚硬（硬度7），对于生产工具落后的古人来说，要将其琢磨成美丽的造型是十分困难的。但在今天，生产技术的提高使玛瑙的加工已变成并不需要花费很大精力的事情，加之玛瑙在自然界远不像钻石、祖母绿那样稀罕，这就使玛瑙在珠宝殿堂中的地位迅速下降，成为一种十分普通、价格也比较低廉的中低档珠宝。

△ **翡翠钻石项坠**

翡翠高37毫米，宽51.5毫米，厚9.5毫米

18K铂金镶嵌满绿翡翠项坠，翠色由艳绿色到淡绿色，质地细腻，雕刻猴子和马，寓意“马上封侯”，配镶梯方形钻石吊环。

△ **翡翠钻石项坠**

翡翠长度48毫米，宽26.5毫米，厚2.5毫米

18K铂金镶嵌满绿树叶形翡翠项坠，整体设计大方、华丽，做工讲究，翠色浓艳、匀称，质地细腻，透明度好，配镶圆形钻石，寓意“事业有成”。

3 | 耐久

对珠宝来说，耐久也十分重要，因为只有耐久才能使珠宝永葆艳姿美色和价值永恒。世界著名的钻石商德比尔斯公司有一句广告语——“钻石恒久远，一颗永留传”，就充分体现了钻石耐久的性质。事实上，世界上有许多著名的珠宝都有几百年甚至上千年的历史。珠宝的耐久性表现在其物理性质和化学性质两方面。在物理性质方面，首要因素

△ **翡翠钻石项坠**

翡翠高42.5毫米，宽约19.5毫米

18K铂金镶嵌满绿翡翠项坠，翠色阳俏、匀称，质地细腻，透明度好，雕刻观音菩萨端坐莲台像，配镶圆形钻石。

是硬度。由于在自然界里石英是一种分布十分广泛的矿物，空气中也有很多石英尘粒，而石英的硬度是7，所以，若要保证珠宝在长期佩戴后仍能永葆美艳，不被石英尘粒所侵蚀，就应该要求珠宝的硬度不低于石英，即不低于7。然而，由于自然界客观上能满足硬度在7级以上的珠宝并不多，因此，那些硬度虽然稍低一些，但能满足美观和稀罕这两大条件的矿物和岩石也可在珠宝殿堂中保留一席之地。不过，它们通常被降格使用，隶属中低档的行列，而真正的贵重珠宝，如世界公认的四大名贵珠宝——钻石、红（蓝）珠宝、祖母绿、猫眼石（变石和猫眼），其硬度都在7级以上。与物理性质相比，化学性质的稳定性对珠宝的耐久性更为重要。以辰砂为例，它是一种具有美丽艳红色和强光泽的矿物，若仅凭借这两点，它本也可能成为一种令人喜爱的珠宝，遗憾的是它的化学稳定性很差，在阳光照射下会发生分解而被破坏，因此无法成为优秀的珠宝。

△ **祖母绿项链**

重20.4克

△ **天然祖母绿配镶钻石项链**

项链长度约为420毫米，主石尺寸约为15.54毫米×9.69毫米

18K铂金镶5.9克拉天然祖母绿，总重10.79克拉钻石项链，祖母绿色泽动人，钻石闪烁光芒，浪漫、时尚、奢华。

△ **祖母绿项链**

重53.5克

△ 铂金红珠宝戒指
重12.5克

三 市售珠宝的类型

按照人工介入程度的不同，我们可以把形形色色的市售珠宝划分为以下6种类型。

1 | 真正的天然珠宝

这是一类除了琢磨成型之外，未经任何人工处理的天然珠宝。此类珠宝由于产出稀少，而且随着人类的采掘，更是日趋减少，所以，它们在珠宝市场上价值较高并具有不断升值的潜力，是收藏投资者的主要选择对象。

2 | 经过人工美化处理的天然珠宝

这类珠宝虽然也是天然产品，但却存在色泽欠佳、透明度不足，或有瑕疵、裂纹等品质方面的缺陷，以致影响其美观和使用，为此人们常采用染色、加热、辐射、上蜡等方法对其进行美化处理，使其焕然一新，以较好的面貌示人。这类珠宝根据美化方法的不同，又可分为两个亚类。一类称为“优化”，它是采用传统的已被人们广泛接受的美化方法对珠宝进行加工，如单纯的热处理，使某些珠宝的颜色变好；

△ 铂金红珠宝戒指
重8.3克

◁ 铂金红珠宝戒指
重8.3克

轻度的漂白清洗，以去除表面的污迹；上蜡打光，以增加其光泽等。这类优化珠宝，由于其美化方法已被人们广泛认同和接受，所以，人们也常常把它视作真正的天然珠宝，故而它们也具有投资收藏的价值。另一亚类称为“处理”。它们是一些采用辐射、染色、涂层、填充、酸蚀等方法进行美化的珠宝。由于这些方法有的有人为的添加物，如染色剂、填充物、涂层等，有的对珠宝的耐久性有损，有的可能激活珠宝的放射性，因此，这些美化方法不被人们所接受。采用这种方法处理的珠宝在销售时理应公开声明，否则会被视为一种商业欺诈行为。采用这种美化处理方法获得的珠宝，其投资收藏价值也相应降低。

△ 铂金红珠宝戒指
重12.66克

3 | 黏合珠宝

这类珠宝也称“组合珠宝”或“夹珠宝”。这是一类利用真真假假的珠宝薄片或碎块拼合而成的珠宝。根据薄片的组合情况可以分成若干组合形式。如采用二片真天然钻石拼合而成的所谓真二层型钻石；也有采用一层真天然珠宝，一层仿真珠宝拼合而成的所谓半真二层型珠宝；也有上下两层均为仿真品构成的假二层型珠宝，如在早期市场上常见的以石榴石为顶，以红玻璃为底的假二层型仿红珠宝。除二层石外，市场上也有半真三层型或假三层型珠宝。一般来说，它们虽然也有收藏意义，但大多缺乏升值潜力，不宜选作投资品种。

△ 铂金红珠宝戒指
重3.6克

4 | 合成珠宝

这是一类采用人工合成技术制造出来的，与天然珠宝具有完全相同的化学成分、相同的晶体结构，以及相同的物理化学性质的人造珠宝。如合成钻石、合成红珠宝、合成祖母绿等。据报道，在目前的技术条件下，除有机珠宝外，差不多所有的常见珠宝都已有

△ **铂金红珠宝戒指**
重4.7克

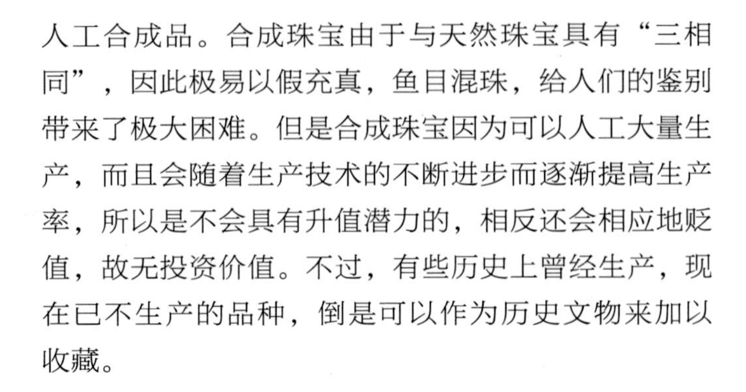

人工合成品。合成珠宝由于与天然珠宝具有“三相同”，因此极易以假充真，鱼目混珠，给人们的鉴别带来了极大困难。但是合成珠宝因为可以人工大量生产，而且会随着生产技术的不断进步而逐渐提高生产率，所以是不会具有升值潜力的，相反还会相应地贬值，故无投资价值。不过，有些历史上曾经生产，现在已不生产的品种，倒是可以作为历史文物来加以收藏。

5 | 人造珠宝

这一类珠宝也是采用人工合成技术制造出来的。它们与合成珠宝不同的是，在自然界找不到与它们化学成分相同，或晶体结构相同的珠宝，即没有天然对应物，如市场上常见的被人叫作“俄罗斯钻石”的立方氧化锆，被叫作“美国钻石”的钇铝榴石，以及钆镓榴石、钛酸锶等。人造珠宝的收藏投资价值与合成珠宝相同。

△ **铂金红珠宝戒指**
重12.6克

6 | 仿造珠宝

这是一类使用廉价的玻璃、陶瓷、塑料等人工材料仿制而成的貌似珠宝的制品。如用有色玻璃来仿制红珠宝、蓝珠宝、祖母绿；用具有高折射率的铅玻璃来仿制钻石；用塑料仿制琥珀和欧泊；用涂有鱼鳞精的玻璃珠来仿制珍珠等。值得一提的是，仿造珠宝无任何投资收藏的意义。

7 | 再造珠宝

这是一种用同种珠宝的碎块或粉末，在一定温度和压力条件下（有的还添加有黏结剂），让其重新黏合在一起的人造珠宝。目前，市场上属于此类的主要有3种，即再造琥珀、再造绿松石和再造欧泊。

四　世界珠宝资源分布

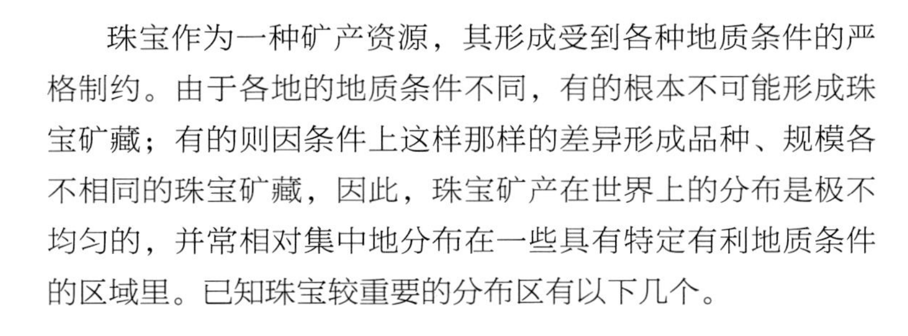

珠宝作为一种矿产资源，其形成受到各种地质条件的严格制约。由于各地的地质条件不同，有的根本不可能形成珠宝矿藏；有的则因条件上这样那样的差异形成品种、规模各不相同的珠宝矿藏，因此，珠宝矿产在世界上的分布是极不均匀的，并常相对集中地分布在一些具有特定有利地质条件的区域里。已知珠宝较重要的分布区有以下几个。

△ **铂金石榴石戒指**
重13.86克

1 | 东南亚地区

这一地区包括缅甸、柬埔寨、泰国、斯里兰卡以及周边的越南、印度、巴基斯坦等地。这一地区是世界著名的红珠宝、蓝珠宝、变石、猫眼石、尖晶石、锆石及翡翠、琥珀、珍珠等珠宝的主要产区。其中，缅甸的翡翠是世界优质翡翠的重要来源，它还是最优质的鸽血红红珠宝的主要产地。斯里兰卡的变石和猫眼石也名闻全球。泰国是世界红珠宝和蓝珠宝的主要产地和加工地。印度则是世界上最古老的钻石产地，世界级名钻如霍布钻石（顶级蓝钻）、拉其钻石（顶级红钻）均来自印度。另外，该区邻近海域所产的珍珠在世界上也久负盛名。

△ **铂金石榴石戒指**
重9.71克

2 | 非洲中南部

这一地区包括南非、纳米比亚、扎伊尔、博茨瓦纳、津巴布韦、赞比亚、马达加斯加及其周边地区。这里是世界著名的钻石产地。世界年产1.19亿克拉的钻石中有一半以上（约6300万克拉）产于该区域。而且这里的钻石还以颗大、质优而闻名。世界著名的大钻石也大多产自该地区，如世界最大的“库利南钻石”（原石重3106克拉）即产自南非的普列米尔矿山。除钻石外，这里还产有多种有色珠宝，如马达加斯加、赞比亚、津巴布韦所产的祖母绿；马达加斯加和南非所产的世界闻名的水晶、碧玺、石榴石、海蓝珠宝、锂辉石等；赞比亚的孔雀石；坦桑尼亚的坦桑石；坦桑尼亚和肯尼亚一带的红珠宝等，都在世界上享有盛名。此外，南非还是世界最重要的黄金产地，所产黄金曾占世界黄金产量的60％。

3 | 南美洲

这一地区包括哥伦比亚、巴西、乌拉圭、玻利维亚、危地马拉、智利等地。这里是世界著名的有色珠宝的产地。其中，哥伦比亚是世界著名的祖母绿产地，其产量曾占世界祖母绿产量的70％以上。巴西则是祖母绿的另一重要产地。此外，巴西还盛产海蓝珠宝、碧玺、托帕石、紫水晶、水晶、锂辉石、玛瑙等各类珠宝。其中，托帕石的产量占世界总量的90％，更以拥有托帕石中的名贵品种“帝托帕石”而驰名全球；其海蓝珠宝产量也占全世界产量的70％；碧玺的产量则占世界总量的50％左右，而且还拥有碧玺中的名贵品种——“帕拉伊巴（Paraiba）碧玺”。因此，巴西是当今世界上最重要的有色珠宝供应地。巴西也产钻石，虽然数量不是很多，但却产有几颗著名的大钻石，如世界排名第二大的布拉岗扎钻石（1680.0克拉），排名第六大的“科尔德曼·德迪奥斯钻石”（922.5克拉）。除巴西外，乌拉圭和玻利维亚的紫水晶、智利的孔雀石和青金石也都享名于世，而危地马拉则有世界第二个重要的硬玉矿床（但品质远不及缅甸）。

◁ **天然黄钻配钻石项链**

项链总重63.28克

18K铂金镶嵌总重51.92克拉不同切割形状的彩黄色钻石及白色钻石，星罗棋布，齐齐绽放奢华闪耀的光芒。

4 | 澳大利亚

澳大利亚是世界闻名的欧泊产地，已知世界欧泊产量的98%来自该地，其中最优质的黑欧泊更是独步全球。这里还是世界钻石的另一重要产区，以国家而言，其储量雄踞世界之首，享有“金刚石盒子”的美誉，目前年产量占全球产量的25%。这里也盛产蓝珠宝，虽然品质不及东南亚地区，但产量却占世界蓝珠宝产量的70%。此外，这里还拥有世界最大的软玉矿床，还以盛产被称为“澳玉”的绿玉髓著称。澳大利亚也产祖母绿、海蓝珠宝、锆石等其他有色珠宝。这里也是世界黄金的主要产地之一。在澳大利亚近海，出产世界著名的“南洋珠”。

除了上述4个较集中的珠宝产地外，在一些国家和地区还有一些相对分散的珠宝矿床。如北美的加拿大，20世纪90年代以来在靠近北极圈的冻土地里，发现了丰富的钻石矿藏，有望成为未来钻石的重要产地。加拿大还有世界著名的虹彩拉长石和方钠石矿藏，还是世界著名的软玉——加碧的产地。另外，它还是世界铂金属的主要供应地。美国也出产多种甚至可以说是比较齐全的珠宝品种，还有世界唯一的蓝锥石矿藏，只是这些珠宝资源规模都不大。墨西哥是世界火欧泊的产地，也拥有丰富的银矿资源。俄罗斯的乌拉尔和西伯利亚地区也拥有较丰富的珠宝资源，其中雅库特钻石的产量约占世界产量的1／10。乌拉尔出产世界上品质最佳的变石和钙铬榴石，可惜目前已趋枯竭，它也盛产祖母绿、海蓝珠宝、碧玺、托帕石、芙蓉石等有色珠宝。在西伯利亚的贝加尔湖地区，还出产软玉、青金石和世上独一无二的紫色查罗石等。

另外，尚有一些产地出产一些较著名的珠宝，如埃及的橄榄石、伊朗的绿松石、阿富汗的青金石、波罗的海沿岸的琥珀、地中海的珊瑚、太平洋塔希提岛近海的黑珍珠、英国的煤精等。

△ **心形祖母绿配镶钻石吊坠**

主石尺寸约为8.59毫米×8.09毫米

18K铂金镶嵌1.70克拉新型祖母绿配钻吊坠，祖母绿颜色纯正阳俏，镶嵌钻石熠熠生辉，整体造型雅致时尚。

△ **天然祖母绿吊坠**

主石尺寸约13.08毫米×10.00毫米×5.37毫米和16.20毫米×12.08毫米×6.62毫米，吊坠长度约为42.68毫米

18K铂金镶嵌5.15克拉及10.41克拉天然祖母绿，绿色清新夺目，光泽水润，配镶钻石，熠熠生辉。

第二章

珠宝的价值

一 珠宝的价值构成

珠宝是一种不可再生资源，又具有美观、稀罕、耐久的属性，能够装饰、美化生活，在其他经济、技术领域中又有广泛的用途，因而，它是一种拥有较高价值的商品，是人间财富、地位和权贵的象征。

1｜美学和装饰价值

珠宝具有美学和装饰价值。珠宝之美是人所公认的。早在人类的原始蒙昧时期，尽管那时的生产力还非常落后，人们过着衣不蔽体、食不果腹的生活，但他们仍表现出对珠宝的喜爱，将其用于装饰自己。如在我国北京周口店发掘出的2万多年前的山顶洞人遗址里，人们就发现有石质珠子，有的还用红铁矿染成红色，以增加其美感，可以说是开创了珠宝人工美化的先例。

◁ **缅甸天然尖晶石项链**

项链长度433毫米

45颗圆形尖晶石共重132.59克拉，镶18K黄金。

在公元前1万—前7千年的旧石器时代末和新石器时代早期，被人类利用过的珠宝就有13种，如水晶、玉髓、蛇纹石、黑曜岩、琥珀、滑石等。今天，金银珠宝的装饰价值更是不言而喻。在每个盛大的场合中，都可以看到穿着珠光宝气、容光照人的女士。而且珠宝的装饰作用，今天还不限于传统的装饰，它也用来装饰各种用具，如钢笔、眼镜、手袋、手机、手表，甚至车辆、居室等。

△ **坦桑石戒指**

重6.876克

△ **椭圆形斯里兰卡亚历山大钻石戒指**

戒指尺寸52.5毫米

配以小钻，镶18K铂金。

▽ **绿松石塔珠链**

重133.6克

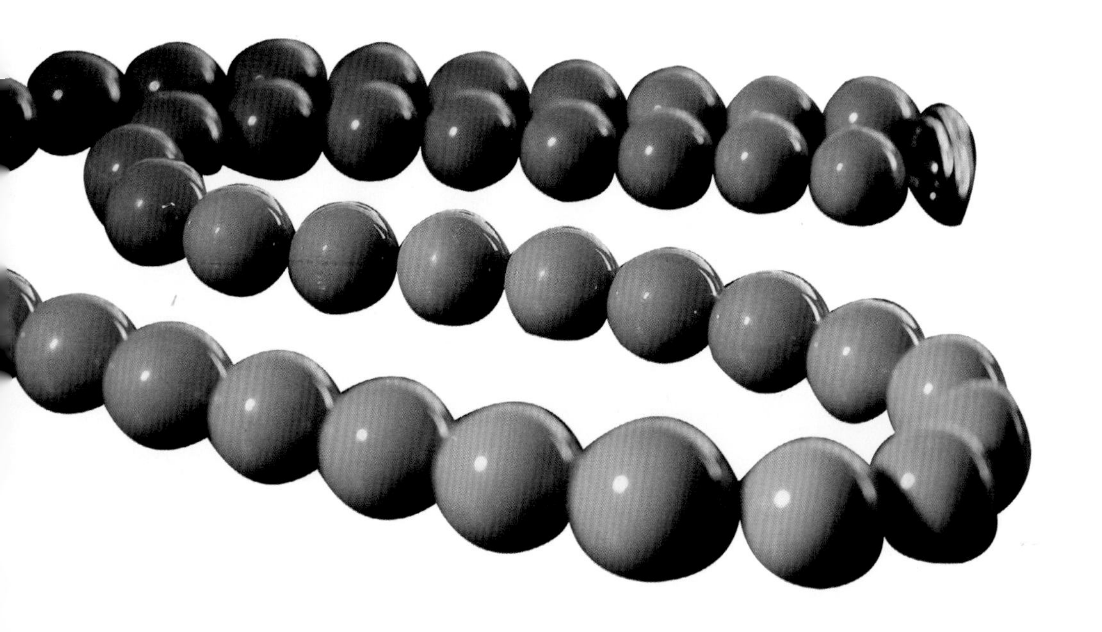

△ **红珠宝钻石项坠**

项坠高约21毫米

18K铂金镶一颗2.08克拉椭圆形刻面红珠宝，珠宝内部洁净，颜色鲜艳，周围配镶7粒0.60克拉梨形钻石和6粒0.40克拉圆形钻石。

2 | 信用价值

自古以来，珠宝就一直被人们视为一种地位的象征，一种信符。传说当年黄帝在平定蚩尤之后，在分封诸侯时就曾以玉作为他们享有权力的标志，以后的历代帝王也无不拥有令人称羡的珠宝。今天，珠宝虽然已不再是统治者的专利，但它的信用价值并没有降低。商人们佩戴首饰，尤其是贵重首饰，用以显示自己的财富和信誉。女士们除了用珠宝装饰美化自己之外，也常常用它来显示自己的高贵富足。例如，在奥斯卡颁奖典礼上，明星们哪个不是用价值上百万甚至上千万的珠宝来包装自己，证明自己的成功呢？

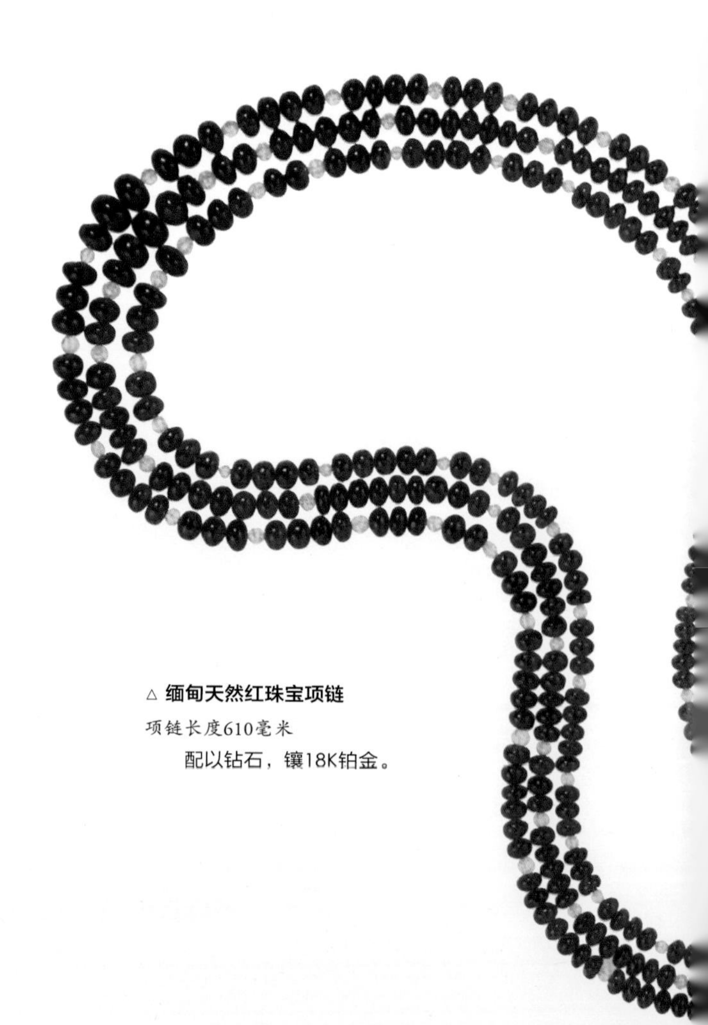

△ **缅甸天然红珠宝项链**

项链长度610毫米

配以钻石，镶18K铂金。

◁ **天然鸽血红红珠宝吊坠**

吊坠尺寸约为22.59毫米×43.22毫米；主石尺寸约为8.00毫米×7.59毫米×4.61毫米

18K铂金镶嵌2.48克拉天然鸽血红红珠宝，设计简约，小巧优雅。

3 | 资产储备价值

我们知道，自古以来金银就一直是资产货币的体现。直到今天，黄金仍然是许多国家国库储备的首选。珠宝在这方面虽然不像金银那样曾作为流通货币，但其资产储备价值却更胜于金银。事实上，历代各国的王室、贵族，哪一个不是把珠宝当作财富来收藏。英国王室的珠宝库储藏有众多闻名遐迩的高档珠宝。拥有珍贵和罕见珠宝的多少，常常成为评价王室财富和国力强盛的标志。这种情况在我国也不例外，人们还习惯于把它作为“传家宝”来代代相传。近代，随着黄金储备价值的降低，珠宝由于具有比黄金更高的价值和更好的升值潜力，并具有体积小、重量轻、储藏时占地面积小等优点，已成为一些国家国库储备的新选择。

△ **缅甸天然鸽血红红珠宝项链**

26颗红珠宝共重62.46克拉，项链长度395毫米

配以钻石，镶铂金及18K黄金。

4 | 物用价值

珠宝也常常被制成工具、器皿或其他物件。早在石器时期，许多珠宝，尤其是一些玉石早就被人们制成各种实用的石器，以后更逐渐发展出各种玉斧、玉刀、玉剑、玉碗、玉盘、玉杯等。近代，随着人们对珠宝金银物化性质的深入了解，更发掘出许多前所未有的新的应用价值。有的已成为高新技术领域中不可或缺的新材料、新的关键零部件。例如，红珠宝成为激光材料；水晶成为电子工业不可或缺的材料；钻石由于其较高的硬度而被广泛用于工业的磨削领域，还由于它具有其他材料不可比拟的导热能力，而成为现代高速运转的大型计算机中不可缺少的散热元件。可以说，随着科学技术的不断发展，珠宝的物用价值将会越来越大。

5 | 科学研究价值

珠宝作为自然界特定作用的产物，其科学研究价值也是非常巨大的，而且涵盖了多种学科、多个领域。如从地质学的角度而言，需要研究天然珠宝的形成过程和成矿地质条件，为寻找和发掘同类珠宝矿床提供理论指导；从材料科学的角度，需要进一步揭露珠宝的各种物化性质，为更好地利用它们的某些特性奠定扎实的理论基础，开拓更加广阔的应用途径；从医学的角度，人们渴望真正揭示珠宝治病的机理，澄清那些错误的传闻，揭示事物的真相；从珠宝学本身的角度来看，需要研究的内容更多，如怎样快速而准确地鉴别各种珠宝，尤其是如何识别越来越逼真的人工制成品，如何才能更有效地改善珠宝的品质，如何合成更加逼真的人工珠宝，提高合成珠宝的生产率，还有应该设计什么样的琢型，才能更好地发挥珠宝的优秀品质，以及怎样提高珠宝的加工工艺，设计更加完善的自动化加工机械等。

▷ **18K金红珠宝项链**

长460毫米，重47.4克

二 影响珠宝价格的主要因素

△ **无色托帕石、蓝珠宝配钻石手链**
手链长度约198毫米
镶18K铂金，托帕石共重约150克拉。

1 | 珠宝本身的因素

不同种类的珠宝，其本身在使用价值上的差异，以及它在客观自然环境中产出量的多少，常是影响它价格高低的重要原因。其中产量多少，是否罕见，对珠宝价格的影响尤为显著。例如，紫水晶在中世纪时期曾是一种比较贵重的珠宝，足以与红珠宝、蓝珠宝平起平坐。这是因为那时候紫水晶产量稀少，欧亚各地都只有一些规模很小的矿脉，但是十八九世纪以后，人们在巴西、乌拉圭边境发现了大型紫水晶矿床，紫水晶的产量迅速上升。充足的紫水晶供应，使得紫水晶的价格一落千丈，并从原本贵重珠宝的地位跌落成为一种中档珠宝。

使用价值的大小也是影响珠宝价格的重要因素。如钻石和水晶都是一种透明无色的珠宝。但比起水晶，钻石具有更高的折射率，故看起来更璀璨明亮；钻石还具有较大的色散率，会在光照下呈现出被称为“出火”的缤纷色彩；钻石也更坚硬，不易受磨损……这就使钻石具有比水晶更好的装饰效果。此外，钻石还有可用于高新技术领域的多种优良品质。正是由于钻石的使用价值远高于水晶，再加上它远比水晶稀少，就决定了两者悬殊的价格。使用价值的高低，也反映在同种珠宝的个体差异上。同一种珠宝，由于品质优劣上的差异，就会使其具有不同的价格。

2 | 社会文化经济环境

不同的社会有着不同的价值观。尤其是珠宝，属于非生活必需的商品，其使用价值的高低更明显地受到社会意识形态的影响。例如，玉在我国和受中华文化影响的东亚人民的心目中一直具有十分崇高的地位，受到人们的普遍珍爱；而在西方，由于文化背景的不同，人们对玉缺乏认识，这就使同样一块玉，在东方市场上和西方市场上会有完全不同的价格。一个地区的经济状况对珠宝的价格也会有很大影响。在经济落后的贫困地区，人们的衣食尚难保证，自然无暇顾及珠宝，社会需求量的不足，使珠宝价格必然在低位徘徊。反之，在经济发达的社会里，人们拥有较多的财富，对珠宝的兴趣也必然陡增，促使珠宝的价格节节攀高。这也是近代珠宝价格不断创新高和珠宝市场为我们提供了良好的投资机会的客观原因。此外，珠宝销售地距原产地的远近、交通状况、销售市场的外部环境、销售中的流通环节（是一手还是二手，是批发还是零售）等社会客观条件，也会对珠宝的价格产生不同程度的影响。

△ **蛋白石戒指**
配以钻石，镶铂金。

△ **天然祖母绿配镶钻石戒指**
主石尺寸约为12.65毫米×10.6毫米×6.02毫米
18K黄金镶嵌4.83克拉椭圆明亮形切割天然祖母绿，奢华大气，富贵华丽。

△ PT900铂金镶珠宝、蓝珠宝戒指

3 | 珠宝爱好者个人的情况

众所周知，每个人都会因自己的社会、经济、文化背景的不同，而具有不同的兴趣和爱好。同一样东西，对于它的爱好者来说，就愿意以较高的价格购入，认为这是物有所值；而对另一个对它并不爱好的人来说，就会认为这个价格太高，不值这个价钱。这种情况在珠宝拍卖会上最能得到体现。

个人对珠宝的认知，也常会影响珠宝的价格。例如，有的人对珠宝的内在价值了解较透彻，知道它的价值所在，愿意以与之相当的价格收购。反之，有的人并不了解珠宝的内涵，把一件名贵珠宝视同一般，因此，他就会给出一个较低的价钱。

△ 铂金镶彩色珠宝戒指

复古设计款18K铂金镶嵌古典切割白钻石、蓝珠宝及祖母绿戒指。

▽ 珠宝配钻石手链

珠宝共重约13.2克拉

△ 枕形哥伦比亚天然祖母绿耳坠
耳钩型耳坠，长度36毫米

三　珠宝的市场行情

珠宝首饰业在我国有着十分悠久的历史。据史载，清光绪中末期，仅上海一地就有珠宝从业人员上千人，店铺、工厂不下二三百家，并形成了所谓“苏帮”“京帮”“广帮”“扬帮”等不同的工艺流派。后来，珠宝业渐趋衰落，至20世纪70年代末之前，全国仅有黄金饰品生产定点企业十几家，加上其他珠宝饰品企业也不超过百家，产值约2000万美元，仅占20世纪70年代中期全球珠宝市场250亿美元产值的0.08％。

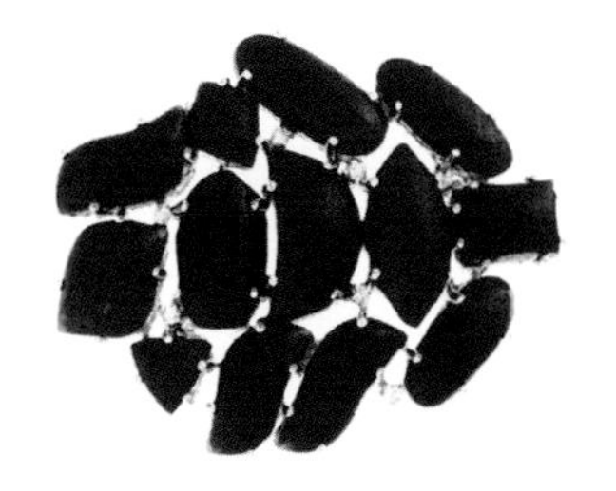

△ 18K铂金珊瑚胸针
长45毫米，重20.1克

随着我国经济的迅速起飞，珠宝首饰业得到前所未有的发展，到2014年8月，我国珠宝首饰出口总额近33亿美元，生产企业从几十家发展到3000多家，销售企业从几百家发展到2万多家，从业人员从2万人发展到200万人，产值从2000万美元发展到近1000亿元，跃居世界前列，仅次于美国和日本。中国成为世界上最大的铂金消费国，年销售铂金量达140万～150万盎司；中国是亚洲最大的钻石市场之一，年消费钻石达11亿美元；中国还是世界上第四大黄金消费国，年黄金首饰需求200吨左右；同时中国还是世界上最大的玉石和翡翠消费市场。可以说，中国珠宝消费已经在国际上占据重要地位，中国珠宝市场的走向将直接影响国际珠宝市场的动向和价格。

我国正向世界珠宝首饰加工及消费中心迈进。预计在未来几年里，我国的珠宝首饰产业将以年增长率大于15％的速度持续发展，中国将成为全球珠宝首饰交易中心之一。

△ **哥伦比亚祖母绿珠耳坠**

耳夹型耳坠，长度64毫米

配以小钻，镶铂金。

△ **天然哥伦比亚祖母绿配镶钻石耳环（一对）**

主石尺寸分别约为9.08毫米×9.18毫米、9.17毫米×9.22毫米

18K铂金镶嵌6.05克拉天然祖母绿耳环，配以总重3.68克拉的钻石，传统经典设计，尽显高贵典雅。

△ **18K金红宝碧玺配钻石戒指**

夺目的光彩是这款红宝碧玺戒指的最大特点。以整圈大颗钻石作为陪衬，突显了红宝碧玺的光彩夺目。戒臂做了分色的设计，以玫瑰金的颜色作为红色主石的补充。整个款式简洁，大气。

△ **红珠宝配钻石手链**

红珠宝共重约54.00克拉

△ **天然祖母绿配镶钻石耳环（一对）**

主石尺寸分别约为11.25毫米×8.65毫米×6.7毫米、11.75毫米×8.86毫米×6.9毫米

18K铂金镶嵌共10克拉高品质祖母绿耳环，艳绿淳美，配以总重2.5克拉的高白度钻石，华美秀丽。

△ **红珠宝配钻石手链**

第三章

钻石鉴赏与收藏

一 钻石的基本知识

△ **天然黄钻配白钻（花）胸针/吊坠**

胸针总重19.53克

18K铂金密镶天然黄钻和白钻，中间镶有8颗较大的钻石，共重1.34克拉，其他钻石共重10.32克拉。富有立体感的设计，犹如花朵正绚丽地绽放着，温婉雍容，可作胸针或者吊坠佩戴。

众所周知，钻石以其晶莹剔透、璀璨夺目和坚硬无比的品质被人们视作世界上最珍贵的珠宝品种，被誉为“珠宝之王”。但若问您钻石是什么？您也许并不能马上回答出来。钻石是指经过琢磨的金刚石，金刚石是一种天然矿物，是钻石的原石，但有时人们对二者并不加以区分。

简单地讲，钻石是在地球深部高压、高温条件下形成的一种由碳（C）元素组成的单质晶体。它是大自然赐予人类最美丽也是最宝贵的物质和财富。人类文明虽有几千年的历史，但人们发现和初步认识钻石却只有几百年，而真正揭开钻石内部奥秘的时间则更短。

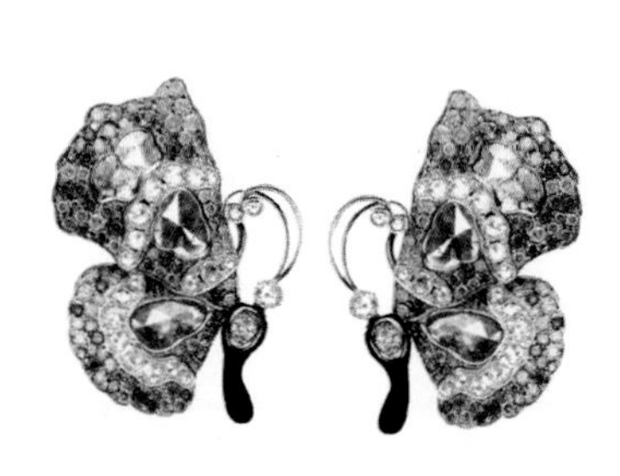

△ **彩色钻石配钻石（蝴蝶）耳环**

镶18K黄金及黑金。

△ **彩钻及钻石项链**

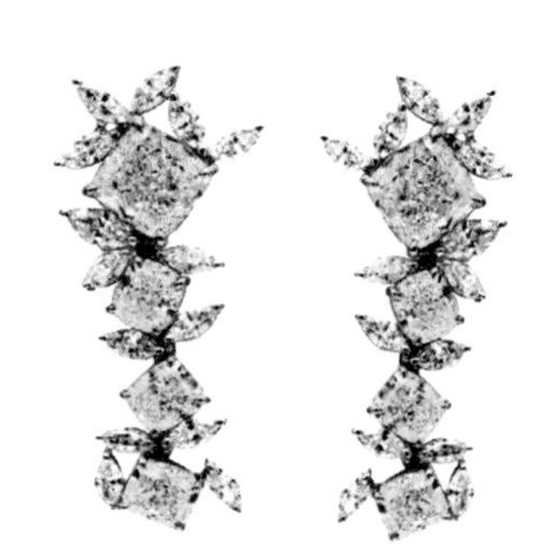

△ 浓彩黄色钻石配钻石项链及耳环

项链长度约405毫米

镶18K金及铂金。项链有51颗方形浓彩黄色钻石，共重65.6克拉；榄尖形钻石共重约14.74克拉；耳环有8颗浓彩黄色钻石及钻石，分别重约8.57克拉及2.34克拉。

在此之前，伴随钻石的只是神话般的传说，同时又把它视为勇敢、权力、地位和尊贵的象征。如今，钻石再也不是那么神秘莫测，更不是只有皇室贵族才能享用的珍品。它已成为百姓们都可拥有、佩戴的大众珠宝。钻石的文化源远流长，今天人们更多地把它看成爱情和忠贞的象征。在全面介绍钻石之前，让我们先看看钻石究竟为何物。

△ 钻石手链

1 | 钻石的形成

钻石是几亿至几十亿年以前，在地下120千米～200千米深处，4万～6万个大气压和1100℃～1600℃的条件下，由碳元素经数百万年的纯化、结晶而形成的。之后，由于地壳的隆起、下沉或水平运动等地质作用导致火山爆发，地球深部的熔融物质将钻石带到地表或地表附近。待火山爆发停息之后，钻石便在熔融物质固结形成的岩石中保存下来，从而形成了所谓的钻石（金刚石）原生矿床。大多数钻石都是在这样的岩石中被发现和开采出来的。还有一些钻石是在古河床沙石层或海滨沙层中发现的，被称为次生钻石（金刚石）矿床。它实际上是裸露地表或近地表的含有钻石的原生矿床，经过漫长的地质作用，遭受破坏、风吹雨淋，并经风和流水的长途搬运，最后沉积下来的。

△ 18K金镶钻、红珠宝戒指

地质学家研究发现，火山第一次将钻石送至地表，发生在约45亿年以前，而最近一次，发生在约4500年以前。由此可见，大自然从孕育钻石到最后呈现给人类经历了何等漫长的岁月。而您今天所佩戴的钻石，竟是大自然数亿乃至数十亿年前碳元素结晶的产物。

△ 18K金钻石红蓝珠宝、祖母绿鞍形戒指

△ 钻石手链

△ 钻石手链

△ 18K金镶钻、蓝珠宝戒指

2 | 钻石的硬度、结构及化学成分

钻石是人类迄今发现的最坚硬的物质，因而也被人们誉为“硬度之王”。

在地质学中，按相对硬度，将自然界中矿物的硬度分为10级（摩氏硬度，Hm），钻石是硬度为10的标准石，是最硬的，也是硬度为10的唯一的一种结晶物。我们常见的红、蓝珠宝的硬度为9。值得说明的是，这10个级别的硬度不是等差的，如硬度为10的金刚石（钻石）的抗研摩擦力是硬度为9的蓝珠宝的5000倍。也就是说，在设备条件完全相同的情况下，如打磨好一个蓝珠宝刻面需1小时的话，那么要打磨好一个钻石刻面则需要5000小时。有人推算，钻石的硬度是蓝珠宝硬度的150倍，是水晶（硬度为7）硬度的1000倍。所以，人们视钻石为“坚贞、权力”的象征。

△ 钻石胸针

△ **天然淡彩黄色钻石配钻石项链**

项链长度约408毫米。镶18K铂金及黄金，黄色钻石共重约10.30克拉，钻石共重约9.70克拉

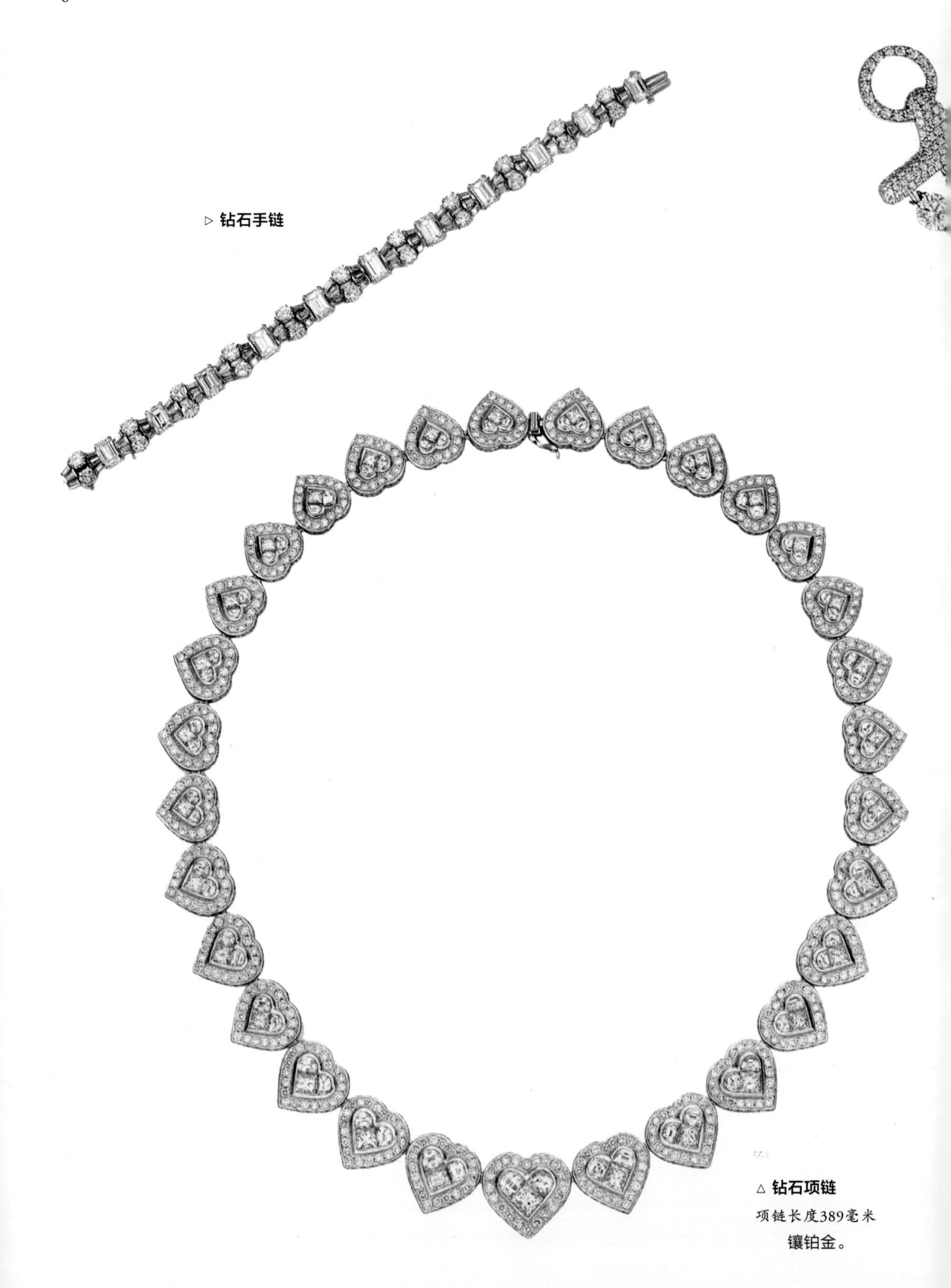

▷ **钻石手链**

△ **钻石项链**

项链长度389毫米

镶铂金。

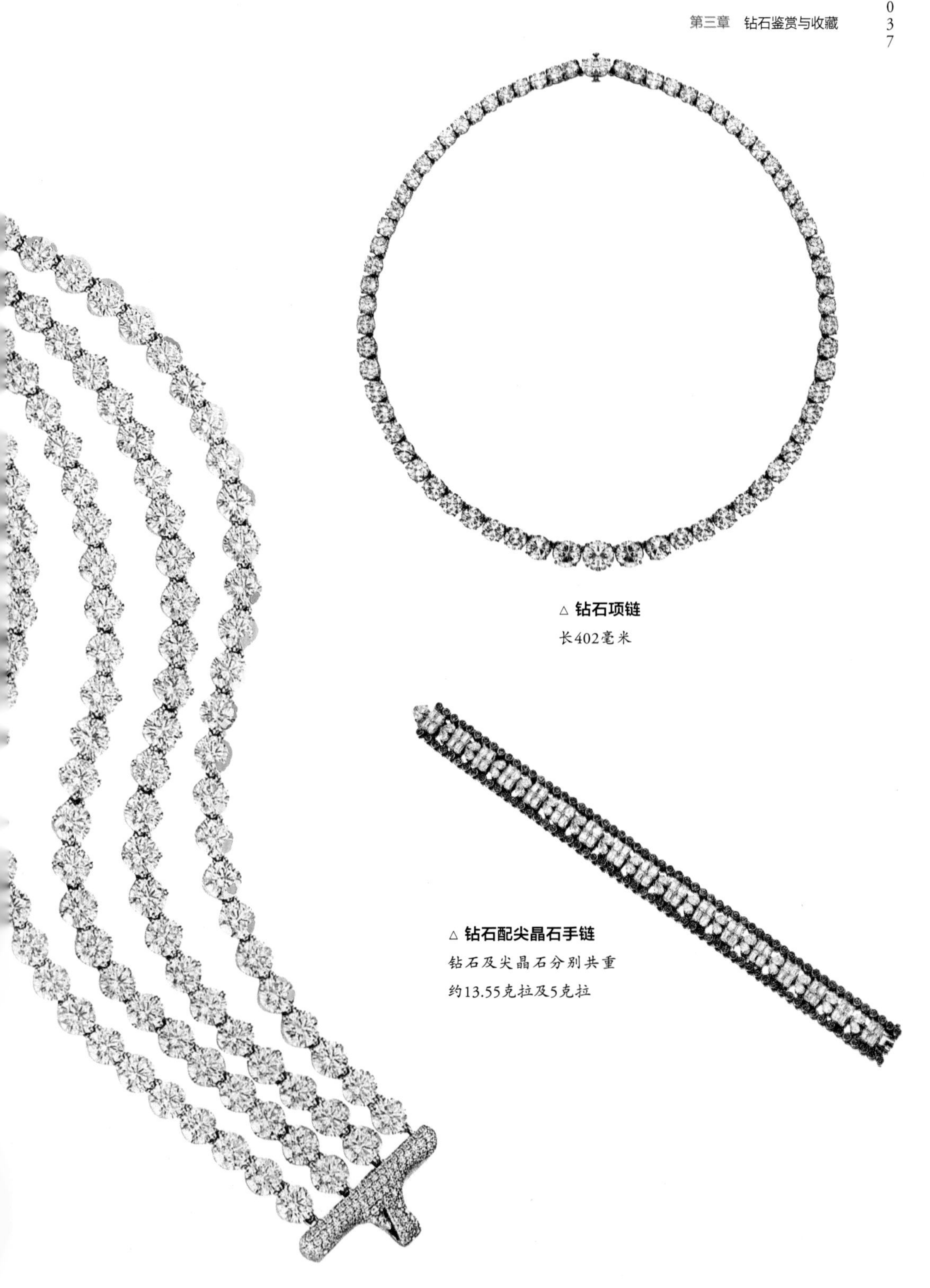

△ **钻石项链**

长402毫米

△ **钻石配尖晶石手链**

钻石及尖晶石分别共重约13.55克拉及5克拉

△ **钻石手链**

钻石虽然是世界上最坚硬的物质，但令人难以想象和置信的是，它的化学组成竟是再平常、再简单不过的元素——碳（C）。碳元素对我们来说并不陌生，我们周围的许多东西，主要成分就是碳，如家庭用具、动物、植物等。小学生写字用的铅笔芯是石墨。石墨和钻石都是由碳元素组成的晶体，但二者的性质却有着天壤之别。钻石晶莹剔透，光彩照人，坚硬无比，价值连城；而石墨则漆黑不透，黯然呆板，硬度极低（用指甲即可刻动），价值低廉。那么，为什么二者成分相同却表现出如此大的性质差异呢？原来这是由于二者的原子结构不同所导致的。

3 | 钻石的生长形态

首饰上的钻石千姿百态，形状各异，人们最常见的是圆形，其次为椭圆形、心形、梨形和橄榄形等。但这些都是钻石原石——金刚石经加工切磨后的形状。那么钻石在地下深部结晶时，究竟长的是什么模样呢？答案恐怕会使许多佩戴钻石首饰的人们感到十分惊奇。如果在钻石形成时，空间充裕、环境稳定的话，它呈现出来的形状就是十分规则、对称完美的几何多面体形态。最为常见和理想的是八面体形态，其次还有立方体和菱形十二面体形态，有时还可能是这几种形状的聚合。但这些形状都是钻石的理想形状。在钻石矿区，真正见到的钻石可不都是这样，除八面体较为常见外，其他形状较罕见，大多数都是不规则的粒块状或板片状。这是由于钻石形成时，受形成环境的限制，再加上地表风化、剥蚀和长途搬运破碎而造成的。

4 | 钻石的切磨

既然钻石是迄今为止世界上最硬的物质，那么人们利用什么工具，又是怎样把规则或不规则的钻石原石，按照严格的几何比例要求切割成首饰的各种款式呢？这恐怕是钻石具有神秘色彩的又一个主要原因。俗话说，“解铃还需系铃人”，既然钻石是世界上最硬的物质，它给人类对它的切割出了一个天大的难题，那么这个难题也只有靠钻石自己来解决了。事实的确如此，钻石就是由自己来切磨自己的。也许有人会说，那不是针尖对麦芒，势均力敌，两败俱伤吗？事实并非如此，原来钻石还有一个特殊的物理性质——差异硬度。人们经过长期的摸索、试验发现，钻石在不同的方向上竟存在着硬度的差别。正因为钻石本身具有的这种差异硬度，才使钻石的切磨成为可能。

5 | 钻石的光泽和火彩

钻石特殊的金刚光泽和强烈的火彩，是钻石光彩照人、灿烂无比的根本原因，也是钻石的内部奥秘给予人们最为直观的外在体现。它使人们感受到了钻石美的真谛所在。这也是钻石荣登“珠宝之王”宝座的另一重要原因。钻石的折射率为2.42，是非金属矿物中光泽最强的品种。它使得钻石呈现出柔润明亮的金刚光泽。在自然界100多种较为常见的珠宝品种中，折射率大都为1.55～1.77，而大于2.42的只有2～3种，但它们的硬度却大大逊色于钻石。钻石的高色散值（0.044）使得钻石五彩缤纷，灿烂辉煌。自然界中，色散值大于0.044的珠宝品种不超过5种，而将最大硬度、高折射率和强色散三大要素指标集为一体的，唯有钻石一种。因此，钻石“珠宝之王”的称号，当之无愧。

△ **铂金镶钻石龙形胸针**

铂金镶嵌钻石，描画腾龙冲天，龙爪等细节饱含张力，英气十足，神态生动，工艺精美。

△ **裸钻**

直径12.8毫米

△ **裸钻**

直径15.4毫米

△ **裸钻**

直径10毫米

◁ **钻石及蓝珠宝胸针及耳环套装**

胸针宽74毫米，耳环长35毫米

镶18K铂金。

6 | 钻石的颜色

成分纯净、结构完美的钻石是无色透明的，这也是无色、浅黄色系列钻石所追求的一种完美的境界。但钻石在长期形成过程中，往往由于环境的微小变化，常有一些杂质进入钻石内部，或引起某种结构缺陷，从而使钻石呈现出各种不同的颜色。根据颜色，可将钻石分为二大系列。

无色—浅黄色系列（也称开普系列）：它包括无色、浅黄、淡褐、微灰等微带浅黄色调的钻石。该系列的钻石产量最大，是市场上占主要地位的钻石品种。这主要是由于钻石内部含少量氮造成的。

△ 裸钻

△ 裸钻

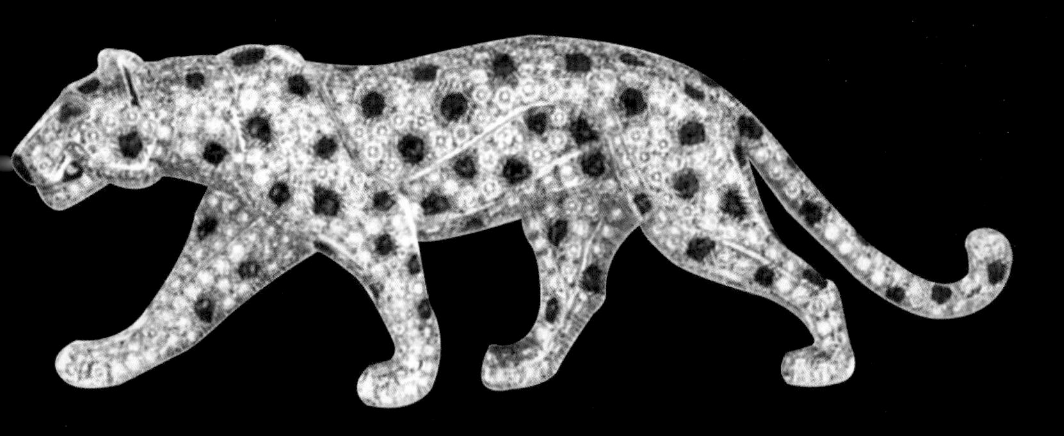

△ 钻石、蓝珠宝、祖母绿及黑玛瑙胸针

胸针宽75毫米

镶铂金。

△ **缤纷彩钻项链**

18K玫瑰金、铂金和黄金镶嵌。56颗色彩各异、总重达20.92克拉的彩钻项链，配以1072颗圆形、VS净度、总重为5.45克拉的白钻。

△ **彩钻及钻石胸针**

胸针长度98毫米

配以4.39克拉盾形深彩棕橙色钻石及10.32克拉吊胆形淡彩棕黄色钻石，镶18K黄金、铂金及粉红金。

彩色系列：也称花色钻石系列，它包括黄色、褐色、红色、粉红色、蓝色、绿色和紫罗兰色等。该系列钻石品种产量很低，市场上非常罕见，主要产在澳大利亚。它每年只推出极为少量的彩钻上市，其中珍贵的品种为粉红色、蓝色、威士忌黄色和绿色。一般认为，它们分别是由于晶格错位（粉红色钻石）、含微量硼或氢（蓝色钻石）及长期的天然辐射（绿色钻石）造成的。世界著名的“希望”钻石即为蓝色。

7 | 钻石的主要产地

钻石不是在任何地方都可以找到的。您也许听说过，有人被一巨型钻石绊倒或在玩耍和农作时捡到钻石的故事，虽确有其事发生，但这却是再偶然不过的事情了。当今世界上的钻石主要集中于7个国家，按产量多少依次为澳大利亚、刚果民主共和国、博茨瓦纳、俄罗斯、南非、安哥拉和纳米比亚。

现在人们找到并开采钻石矿床的地方，很多是最初由地下深处岩浆带到近地表的地方，且大部分为露天开采。还有一些地方就是远离其原产地的古河床砂岩层分布的地方。开采钻石砂矿，大都需要清理数以吨计的覆土，才能达到可能含有钻石的沙砾层。这些沙砾层是含有钻石的岩石破碎后，经流水搬运，最终沉淀下来的。

△ **钻石、祖母绿及珐琅胸针**

胸针长度59毫米

镶18K铂金及黄金。

二 钻石的种类

1 | 身价非凡的彩钻

1989年年初，在巴黎举行的珠宝展销会上，有一颗钻石引起了人们的极大轰动。它那艳丽的色泽，使观者无不为之动容，而它那几乎是天文数字的价格，更使参观者瞠目结舌，不敢相信自己的眼睛。这颗重仅2.23克拉，被命名为“拉其”的钻石，标价竟高达4200万美元。若按近年人民币与美元汇率的平均比率6.2：1来计算，折合人民币为2.604亿元。若按当今黄金市价每克245元计，竟可折合黄金1.06吨。

为什么这颗重量不到半克的钻石，竟会有如此高的价格?原来这是一颗非常罕见，具有艳丽血红色的红钻。

我们知道，钻石按其颜色可分为两个系列，除了最常见的无色—浅黄色系列外，还有极少一部分钻石属于彩色系列，包括一系列具有不同深浅的红色、粉红色、蓝色、紫色、绿色、黄色、茶色（香槟色）钻石，甚至黑色的钻石。一般说来，彩钻的价格可以用相应等级和大小的开普系列D色级钻石的价格来估算。若为黄钻，可在D色级价格的基础上加价30％～50％；香槟钻加价40％～60％；灰蓝钻加价80％～100％；蓝钻加价150％；绿钻加价180％以上。

（1）红色

应该说，彩色系列钻石（或称艳钻）是钻石中最罕见、最珍贵的品种。据说全世界有记录以来总共才发现5颗。除“拉其”外，1987年4月另一颗被命名“汉考克”的圆钻，重0.95克拉，在纽约克里斯蒂拍卖行以88万美元成交。还有一颗，据说现存于美国华盛顿斯密逊博物馆。还有2颗虽见于史载，现在却不知去向。“拉其”是现存红钻中最大的一颗，估计已有500多年的历史，它很可能来自古印度的著名钻石矿区——戈尔康达。

粉红色钻石比红钻在数量上要多得多，澳大利亚著名的阿盖尔钻石矿现在还不时有新的粉红色钻石产出。这使它的价格远比不上红钻，但比开普系列钻石的价格还是要高很多。1980年，在瑞士日内瓦曾售出一颗重7.27克拉的粉红钻，售价为92万美元。1990年6月，在伦敦克里斯蒂拍卖行，经过激烈竞争以后，另一颗粉红钻以高达407万英镑的价格被售出。据说这颗粉红钻曾是16世纪统治印度北方的莫卧儿大帝头巾上的饰物，重32.24克拉。

（2）蓝钻

世界最著名的蓝钻是“霍普”钻石（也意译为“希望”钻石），重为44.4克拉，现存于美国华盛顿的斯密逊博物馆。它至少在500多年前被发现于印度，500多年来几经转手，留下了许多令人哀叹的故事。这颗蓝钻还有一个奇特的性质——会发出磷光，即在黑暗中它会像一颗烧红的煤球一般发出红光。据估计，这颗蓝钻的时价不低于2000万美元。另一颗著名的蓝钻叫“威梯利斯伯茨”，重25.5克拉。1962年，该钻石在瑞典被人以18万英镑的价格收购。此外，近年在世界市场上也有几颗蓝钻被拍卖，如一颗重13.49克拉的祖母绿型蓝钻，成交价为748.25万美元；1996年在瑞士日内瓦克里斯蒂拍卖会上有一颗重13.78克拉的心型蓝钻被拍卖，成交价为779.07万美元；同时还有一颗仅重4.37克拉的深蓝钻以更高的单价——每克拉56.9万美元，合计248.5万美元售出。

在蓝钻中，具有浓艳蓝色的钻石是十分罕见的，大多数蓝钻色调偏浅且带灰，以冷峻的“铁蓝”色为特征，这样的蓝钻，价格就会低一些。

（3）绿钻

绿钻在天然的彩色钻石中也是比较少见的，而且通常色调较浅，常带有不同程度的褐、黄色。真正纯绿色的钻石在自然界中是非常少的。绿钻中最著名的是被称为“德累斯登”的绿钻，它呈美丽的苹果绿色，重41克拉，1743年曾以约0.9万英镑的价格售出。20世纪初有人估计其价格约3万英镑。时下其价格当不低于2亿美元。又据报道，我国山东也产有极少量的绿钻。1998年，在一次上海举行的拍卖会上，曾有一颗重3.02克拉的绿钻参与拍卖，当时估价为60万元人民币。2009年在日内瓦珠宝拍卖会上，一颗2.52克拉的绿色钻石以307万美元成交，被一位神秘的亚洲买家买走，创造了绿钻拍卖史上的最高价格。

（4）咖啡色、香槟色、金褐色、橘褐色的钻石

在这个色系的彩钻中，其中最著名的是“金色纪念节”钻石。它呈金褐色，重545.67克拉，火玫瑰型（共有148个翻面），是当今世界上最大的琢型钻石。1995年在泰国展出时，恰逢泰国国王登基50周年庆典，泰国的议员们购下（买价未被透露）此钻献给泰王。另一颗著名的此种钻石，是发现于南非的“地之星”。它呈咖啡色，原重248.9克拉，加工后重为111.59克拉。

◁ **黄钻及钻石耳坠**

耳夹型耳坠长度45毫米

镶18K铂金及黄金。

（5）黄钻

开普系列钻石常带有不同程度的黄色，尤其是L色以下的钻石，黄色就会十分明显，但这种黄色不能列入彩钻范畴，因为在它的颜色中总是掺杂不令人喜爱的褐色调。只有具浓艳的纯黄色或金黄色、黄绿色的钻石，才被称为黄钻。世界上最美的黄钻是第凡尼钻石，呈座垫型，重128.51克拉。它是1878年发现的。另一颗比它晚一些的黄钻（1888年）发现于南非戴比尔斯矿山，并以此命名为“戴比尔斯”钻石，它重达234.5克拉。1988年11月，在瑞士苏富比拍卖会上，一颗梨形的黄橘色钻石，重8.93克拉，以188.5万美元售出，平均每克拉的单价为21.12万美元。不过，这是个特殊的例子。相对比较起来，在整个彩色钻石系列中，黄钻具有相对较低的价格。

△ **黄钻戒指**

10.15毫米×7.35毫米×5.40毫米，总重8.4克

（6）蓝紫色钻

开普系列中的高色级钻石，有的可见其泛出淡淡的蓝紫色，这是强荧光造成的。当然这不是钻石的真正本色。不过，已知在自然中界确实有些钻石会呈现出紫色，通常色调偏浅，并有的紫中泛红，有的紫中泛蓝，被称为紫钻。2000年6月6日，有一颗来自几内亚的紫钻原石，重16.91克拉，标价高达77.8万美元，每克拉单价为4.6万美元。

（7）黑钻

黑色的钻石，一般是最不值钱的，通常被用作磨削材料。但是也有极少数黑钻，乌黑锃亮，光泽璀璨，具有特殊的魅力，被人们请入珠宝的殿堂，成为彩钻家族的成员。1986年，荷兰阿姆斯特丹就曾展出一颗命名为“林勃兰”的黑钻，重42克拉，据说是当今世界上最大的一颗珠宝级黑钻。它的原石重125克拉，经荷兰名匠伯兰特整整3年的精心加工，才琢磨成型。

2 | 合成钻石

在当今钻石市场上，不仅有上述种种经过这样那样处理的钻石，还有人工合成的钻石。

在西方，第一个合成大颗粒珠宝级钻石的是美国通用电气公司。它于1970年培育出了第一颗1克拉以上的合成钻石晶体。此后，大约到20世纪80年代中期，日本住友电子工业公司和英国戴比尔斯公司也先后掌握了合成珠宝级钻石的技术。不过，这些人工合成钻石的生产方也都宣布，由于制造成本太高，其克拉单价的成本甚至高于天然钻石，以致无法批量生产投入市场，故对天然钻石市场也不会带来威胁。

1991年，市场上出现来自俄罗斯的珠宝级合成钻石。1993年，美国查塔姆公司宣布，向市场投放100颗来自俄罗斯的珠宝级合成钻石。稍后，泰国也宣布与俄罗斯方面联合成立泰罗斯公司，从事珠宝级合成钻石的生产。他们计划除了生产黄色的钻石以外，还生产加锆的无色钻石和加硼的蓝色钻石。其中，黄色钻石经辐射后，再经过热处理可获得粉红-紫红色的彩钻。该公司宣称，他们的目标是每月向市场供应1000颗1克拉～2克拉的钻石。1999年元旦，又一批来自俄罗斯的合成钻石也投入了美国市场。这样，人们担心已久的“狼”——珠宝级合成钻石终于正式登场了。

合成钻石与天然钻石相比，在化学组成与晶体结构上可以说几乎没有什么差别，所以其物理化学性质如晶形、折射率、色散、硬度、密度、装饰效果等也没有什么不同。这就使人很难用简单的方法将其识别出来。然而，如何识别是天然的还是合成的钻石又是十分必要的。正如我们前面已经谈到的，天然钻石会随着人类的不断开采，资源日益枯竭而价值日趋升高，所以具有保值、升值的潜力；而合成钻石，随着合成技术的不断提高，其生产率会越来越高，成本会越来越低，所以，它不仅不会升值，还可能逐渐贬值。

那么，怎样才能识别合成钻石呢？这也是一项十分困难的任务。仅仅依靠肉眼或简单的仪器，几乎是无法区分合成钻石与天然钻石的，但是合成钻石与天然钻石相比仍有一些微细的差别。如由于合成钻石在人工制造时，需要为新晶体的形成提供一个结晶中心——籽晶（意思是它就像植物的种子一样，晶体将在它的基础上逐渐长大），因此，如果发现有籽晶的存在，显然就可以十分肯定地确认它是合成品。有的琢型合成钻石在加工琢磨过程中也许会有意或无意地把籽晶磨去，使人们找不到它的存在，但即使这样，有时候在紫外灯下检查它们的荧光特征时，仍会发现曾有籽晶存在过的迹象——籽晶的幻影。此外，人们为了提高合成钻石的生产率，降低合成时所需的温度和压力，常使用一些铁、镍等金属物质作为触媒。这又使合成钻石内部常会出现由铁、镍等金属物质构成的细小包体。有时候由于合成钻石含有较多的这种金属包体，不仅在显微镜下易于发现，而且有的还使钻石带有磁性，可被强磁铁所吸引。此外，还有的钻石甚至会有导电性（天然钻石只有Ⅱb型才有导电性）等。诸如此类的现象，可使人们有效地识别它们。当然要做到这一点，还需要依赖专业人士和专门的精密仪器。

3　各式各样的仿钻

迄今为止，在国内的钻石市场上，合成钻石还没能构成真正的威胁。据来自全国各地的消息，目前尚无一例合成钻石发现。然而，我们却不时听到人们错把一些仿钻当作真钻购入的消息。

所谓仿钻，就是那些貌似钻石但实际上不是钻石的赝品。它们既有完全人造的，也有天然的，其中尤以人造的更具欺骗性。1993年，上海某手表厂推出一款纪念手表，声称手表上缀满珍贵的“奥地利钻石”，引起众多消费者的兴趣，纷纷花费近万元竞购这种手表。但经有关部门检测，表上镶缀的所谓“奥地利钻石”，竟是每粒只售3分钱的玻璃仿钻。现代的玻璃仿钻，又称“水钻”，多用含铅的玻璃制成，它比普通玻璃具有更高的折射率，而且有的背面还镀有一层金属薄膜，使其像镜子一般把入射的光线全部反射回去，所以也能像钻石一般明亮闪烁。

除水钻外，最易使人上当受骗的是人工合成的立方氧化锆（ZrO_2）。它最早由瑞士的德杰瓦斯公司研制而成，许多性质十分接近钻石，故此欺蒙了许多消费者。例如，我们就曾听说某女士花费上万元买来的“钻戒”，实际上就是镶上此类立方氧化锆的仿钻戒。包括戒托在内，其真实价格不会超过千元（如今这种立方氧化锆我国也能大量生产，相当1克拉钻石那么大的立方氧化锆每粒的价格不会超过10元）。在钻石市场上，类似的几可乱真的仿钻材料还有多种。如我国改革开放初期，曾有一颗重约4克拉的人造钛酸锶（$SrTiO_3$）被当作钻石流入，并几经多人当作钻石倒手转卖，直到最后才在深圳被认出不是钻石。

要识别这些貌似钻石的仿钻并不困难。人们已设计出一种专门用于鉴别它们的仪器——热导仪。在已知物质中，钻石具有最高的导热能力。当用热导仪测试时，若是钻石，指示灯就会迅速升至最高点，并发出“嘀、嘀”的叫声；若是其他仿钻材料，指示灯有的就完全不动，有的顶多动一两格。

即使没有热导仪，我们也不难从其他一些特征上来识别它们。如钻石是已知物质中硬度最大的矿物，在琢型钻石上，可以看到它的各个翻面的棱边都是非常笔直、锐利的，而各种仿钻由于硬度较低，它们的翻面棱边就相对钝化，且时见有受其他硬物碰撞而产生的缺口。再如，钻石还可见有一些晶体结构方面的特征，如在琢型钻石的腰部，有的可见有被保留下来的三角形的蚀像，有的可见由解理引起的所谓“胡须”，另外，还有的在其内部可见有透明的纹理等，而同样的现象，在各种仿钻材料中是找不到的。反之，那些仿钻材料也会有一些在钻石中没有的特殊现象，如在立方氧化锆中有时可看到由一连串微小的粉状物质填充的空穴。以上种种，均可用作识别钻石与仿钻的依据。

近年，在钻石市场上又出现了一种被人称为“世界顶级仿冒品”的新的仿钻——合成碳硅石（SiC）。它首次突破了用热导仪即可有效地识别钻石和仿钻的理念。由于它也具有很高的导热能力，虽然比起钻石来还略逊一筹，但却已达到热导仪设计的最高限度，所以当用热导仪对它进行测试时，就会发现指示灯也会迅速升至最高点，并和测试天然钻石时一样发出“嘀、嘀”的叫声。这时您切勿做出这是天然钻石的判断。其实，要识别这种顶级仿冒品也不是很困难。首先，它具有非均质性，从冠部风筝面看亭部翻面的棱边会发现有双影。其次，它的折射率和色散率都比钻石高，因此会具有比钻石更好的“出火”。再次，迄今为止，这种人工合成材料还无法做到完全无色，它总是带有极轻微的不易察觉的黄绿色调，这与开普系列钻石的黄色调是有所不同的。最后，它的密度比钻石小，所以在克拉重量相同时，其琢型珠宝要比钻石大一些，故也可以用钻石标准大小与重量的对应关系来识别。

4 | 半真半假的钻石

在钻石市场上，除了经人工优化处理的钻石、合成钻石和仿钻之外，还有一种被戏称为半真半假的钻石。它们便是黏合钻石和镀膜钻石。

大家知道，当钻石从矿上开采出来时，不仅会有大有小，还会有不同的形状。如果采得的是一颗薄片状的钻石片，若把这块薄片直接加工成圆光辉型的钻石，势必因受到厚度的限制，只能加工出一些小颗粒的钻石；若根据其厚度把它琢磨成圆光辉型的冠部，再从另一块薄片钻石磨出一个亭部，然后把它们拼接在一起，便可获得一颗大得多的琢型钻石。这就是被戏称为“猪背”钻石的黏合钻石。它隐喻一颗钻石驮在另一颗钻石的背上。猪背钻石一般是属于真二层石，即它的上下两部分都是真钻石。然而，在钻石市场上也可以看到有半真的二层石。这时它的冠部是真钻石，亭部则用一些貌似钻石的仿钻材料磨制而成。

不论是真二层石，还是半真二层石，只要仔细检查其腰部，便可观察到它们的拼接缝。虽然有时候，有些制作者会利用金属把腰部包镶进去，让您难以直接看到拼缝，但用放大镜仔细观察仍不难发现其中的蛛丝马迹。如有的由于拼接处不够严密，致使拼接面残留有空气形成的气泡；有的因拼接用的黏胶涂刷不均匀，从而产生一些可以观察到的不规则的条纹；还有的由于亭冠两部分来自不同的晶体，在颜色或其他细微特征上表现出一定的差异等。当然，若是半真二层石，上下两部分的差异就会更大，并因上下折射率的差异，而产生异样的反光和折射。

除拼合石外，近期一种制造合成钻石的崭新技术——化学气相沉淀法，也被用来获取钻石薄膜，提高基体钻石的重量。这一方法还可用于改善钻石的颜色。若把这种钻石薄膜覆在立方氧化锆等仿钻材料表面，则可以使其取得更好的仿真效果。

经过这种处理的钻石被称为“镀膜钻石”。膜层的厚度一般只有几个微米，而且膜层不是由单晶构成的，而是由微晶集合体构成的。所以，膜层与层下的基体钻石之间还是存在着一定的光学差异，并给人一种颗粒状、云雾状的观感。当然，这些现象只有在高倍显微镜下才会发现，人们可据此予以鉴别。如果基体使用的是仿钻材料，则当钻石膜的厚度小于5微米时，它的热导率与无薄膜时一样。若薄膜厚度大于5微米，则可取得和钻石一样的热导率。但由于薄膜与基体材料的光性差异很大，人们在显微镜下不难发现这种差异，足以识别。

三 钻石品质评价的法则

钻石品质的好坏是消费者最为关心的问题，因它直接决定了钻石的价值（具特定文化价值的钻石除外）。确切地讲，钻石的品质严格受以下4个因素的制约：颜色（Colour）、净度（Clarity）、切工（Cut）和重量（Carat Weight），即我们常听说的4C要素或4C法则。其中颜色、净度和切工的确定都有严格的标准遵循，它们的确需有专门的知识、经验和相应设备。但对消费者或珠宝爱好者来说，掌握4C法则的方法要点是完全可能的。

对钻石进行4C评价所必备的工具有钻石镊子、10倍手持放大镜、钻石擦布或酒精。这对一般人来讲是较易获得的，另外，需要提醒的是，在观察每个要素时，要时常注意用酒精或钻石擦布将钻石擦洗干净，以免钻石表面的污渍影响您的观察结果。

1 | 颜色

前面讲过，钻石可呈多种多样的颜色，但以无色—浅黄色系列的钻石占绝对多数。世界各国对颜色的评价标准也是相对该系列而言的，目前彩色钻石的颜色评估还没有成形的标准，市场上也很难遇到。这里介绍的标准也是针对无色—浅黄色系列钻石而言的。

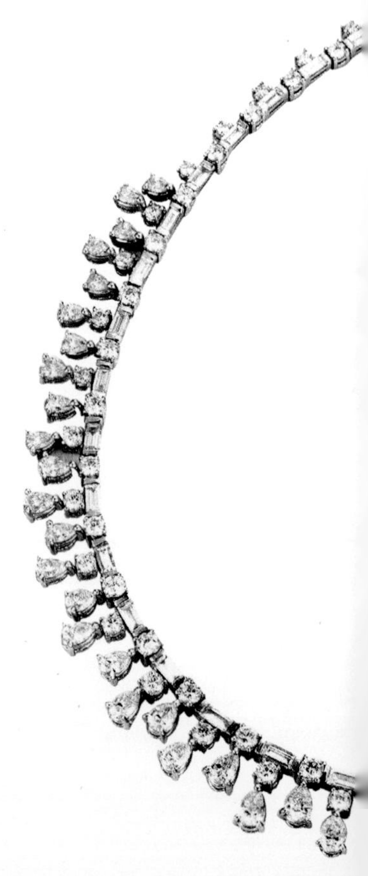

△ **钻石戒指**

直径7.4毫米，总重6.7克

△ **钻石戒指**

总重9.79克

△ **钻石戒指**

总重12.14克

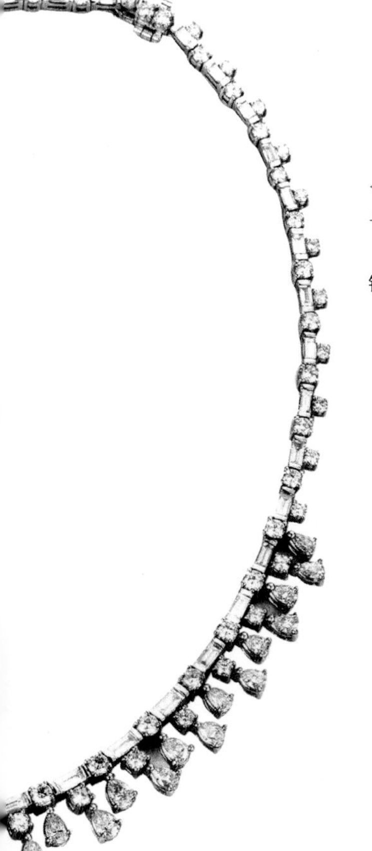

◁ **约12.85克拉钻石手链**

手链长约200毫米

18K铂金镶嵌23颗明亮的钻石，璀璨夺目，熠熠生辉。

△ **马眼形彩紫粉色钻石戒指**

主石尺寸约为12.3毫米×6.35毫米

18K铂金镶嵌1.92克拉马眼切工粉色钻石，配以多颗钻石，立体多层美钻点缀，简约时尚。

（1）分级标准

国际上，钻石颜色分级不同体系之间有不同标准，但都逐渐地认同美国珠宝学院（GIA）所提出的分级标准。我国国标所采用的标准和GIA基本相同，GIA及国标的色级用英文字母标示，由最高色级D至最低色级Z，颜色由白到黄，共有32级，而我国国标考虑到实用性，将其分为12级。

（2）实验室严格分级的条件及规定

分级应在无阳光直射，周围环境色调为白色或灰白色的室内环境中进行。

分级应在比色纸或比色板上，在钻石颜色分级专用光源下进行。

同一样品要求2～3名专业人员分别进行分级后，取最后统一结果。

具体色级的确定要通过对待测样品与标准比色样品（比色石）进行对比后给出。

待测样品和某一比色石颜色相同时，定为该比色石的色级。

待测样品介于相邻两个比色石之间时，取其较低的色级。

待测样品高于最高级D时，仍定为D级。

上述分级是实验室严格的分级方法，而对一般人来说，这样的测定条件是很难达到的，只一套标准比色石就非常昂贵。我们不妨采用下面的方法，给出钻石的大致色级范围，这对人们进行投资收藏非常有益。

（3）肉眼观察大致确定色级要点

① 注意事项

观察最宜利用上午10点左右的阳光进行，但千万注意，不要直接暴露在阳光下。

钻石宜放在对折一下的长方形白纸上进行（如白色名片纸或打印纸）。

应特别注意观察钻石颜色集中的部位。

要从不同的方向对钻石进行观察。

必要时，可先对钻石哈一口气，再进行观察，这样可消除和减少因钻石火彩和表面反射光对颜色观察的影响。

在一个方向观察颜色时，可微微来回摆动一下珠宝，从而找到珠宝的真正颜色。

珠宝越大越易显露黄色，越小越淡化黄色，因此对较大的珠宝（如大于1克拉）可重点对亭部下端进行观察。

② 观察结果

从冠部一侧及底部斜望和侧面视之均无色，属D、E、F级。

冠部一侧或下视无色或浅微黄，从底部斜望及侧面视之呈浅黄色，属G、H、I、J级。

从冠部一侧或下视呈浅黄色，从底部斜望和侧面视之明显黄色，属K、L、M级。

从冠部、侧部观察甚至远望都呈明显黄色，属N或小于N级。

上述只是一个粗略估色方法，要想得到确切的色级，建议您送检有关实验室，特别是高色级的钻石（如D、E、F级）。

△ 铂金钻石戒指
直径3毫米，重15克

（4）彩色钻石

除无色—浅黄色系列之外的彩色钻石，在市场上非常罕见，如一旦遇到，应特别小心谨慎。首先要问清楚和搞清是否是天然颜色，否则要送往有关实验室进行检测，因为人工辐射的方法可使钻石呈现各种颜色，虽然颜色可保持很久，但与天然成色钻石的价值相差甚远。另外，还有利用镀膜或拼合的方法使钻石呈色的，消费者应给予高度重视，切勿草率行事。

△ 铂金钻石戒指
直径9毫米，重13.21克

2 | 净度

钻石的净度是指钻石内部和外部所具缺陷的多少及其对透明度、亮度的影响程度。这些缺陷一般统称为瑕疵。

（1）瑕疵的主要类型

如果瑕疵只局限于珠宝表面，称外部瑕疵，如果在珠宝内部或由内部延伸到了表面，则称内部瑕疵。它们主要包括以下几种类型。

① 外部瑕疵

原始晶面：未经人工抛光的原始结晶面，一般在腰部常见，偶尔也见于冠部和亭部刻面上。

外部生长纹：指晶体生长时遗留下的线状纹理。

抛光纹：抛光不当造成的痕迹。

烧痕：加工抛光过程中，由于高速运转产生的高温引起的炭化。

△ 铂金钻石戒指
直径10.08毫米，重6.3克

△ **铂金钻石戒指**
直径10.07毫米，重9.11克

额外刻面：加工失误或被迫切磨出的规定之外的刻面。

棱线磨损：流通过程中由于磕碰造成的瑕疵。

② 内部瑕疵

固态包体：晶体生长时包裹进去的钻石或其他晶体物质。

云状物：内部呈朦胧、云雾状的物质。

点状包体：细小针尖状的物质，可独立出现，也可成群出现。

△ **铂金钻石戒指**
直径15.1毫米，重12克

羽状纹：似羽毛状的裂隙，可在内部，也可由内部延伸至表面。

须状腰：指在打磨过程中，在腰部留下胡须状的小裂纹。

此外还有内部生长纹、裂理、内凹原始晶面、空洞和击痕等内部瑕疵。

（2）影响钻石净度的主要因素

① 瑕疵的大小

瑕疵越大，净度越低。

② 瑕疵的位置

同样大小的瑕疵，由于其位置不同而对净度产生的影响也不一样。影响由重到轻依次为：台面下、冠部、腰部和亭部。

△ **铂金钻石戒指**
直径20.06毫米，重8.36克

③ 瑕疵相对钻石的反差

颜色反差越大、轮廓越清晰，净度越差。

④ 瑕疵的数量

数量越多，净度越差。

⑤ 对钻石明亮度、透明度的影响

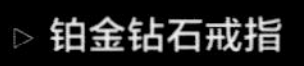

▷ **铂金钻石戒指**
直径40.21毫米，重9.2克

（3）净度等级划分及分级要点

钻石净度的划分，都是以限定在10倍放大镜条件下（可用手持放大镜或显微镜）观察的结果为依据的。下面依国家标准介绍净度的等级划分（和国际上其他分级标准基本相同）。

① LC级（镜下无瑕级）

看不见任何内、外特征，但允许有无色不影响透明度的生长纹和双晶纹及在冠部不可见的腰部和亭部多余刻面（不影响对称）。这种情况，美国GIA标准也称为全无瑕（FL）。

除上述条件外，也允许有只限表面，但经过轻微抛光即可去除的微坑和划痕等，GIA也称这种情况为内无瑕（IF）。

△ 18K铂金钻石戒指

② VVS级（极微瑕级）

VVSl：含在10倍放大镜下极难观察到的微小瑕疵。

VVS2：含在10倍放大镜下很难观察到的微小瑕疵。

上述瑕疵一般为浅色或无色的点、羽状包体或双晶纹和腰部胡须。

③ VS级（微瑕级）

VS1：含10倍放大镜下难以观察到的瑕疵。

VS2：含10倍放大镜下比较容易观察到的瑕疵。

上述瑕疵一般为一小组点状包体、云雾体和略比针尖大的固态包体等

△ 18K铂金钻石戒指

④ SI级（瑕疵级）

SI1：含10倍放大镜下容易发现的瑕疵。

SI2：含10倍放大镜下很容易发现的瑕疵。

上述瑕疵一般为较大的羽状裂隙，暗色、无色固态包体等。

⑤ P级（重瑕疵级）

P1：含肉眼可见瑕疵，一般为有色包体，云状物或较大裂隙。

P2：含肉眼易见的瑕疵，大而多的内含物，影响透明度和亮度。

P3：含肉眼很易见的瑕疵，大而多的内含物，大裂隙，明显影响钻石的亮度和透明度。

（4）净度观察注意事项

充分清洗干净钻石，在10倍放大镜下观察。

从垂直台面、亭部和腰部三个不同方向反复观察。

在同一方向观察时，要不断转动珠宝，全面观察。

调节放大镜和珠宝的相对距离，充分观察内部及外部特征。

在同一位置观察时，要不时微微来回摆动钻石，以便获得反射光和透射光的观察结果。

观察要在比色灯、日光灯或明亮的自然光条件下观察，避免在黄色或橙红色成分较多的白炽灯下观察。

3｜克拉重量

（1）钻石重量（质量）的计量单位

在国际上惯用的钻石重量计量单位为克拉（记作ct，1克拉=0.2克），我国合法计量单位采用的是克，但一般在括号内加注相当的克拉数。

对小于1克拉的钻石，可用分计量，1克拉＝100分，这样0.32克拉的钻石可称为32分。

因钻石的价格和钻石重量密切相关，有时只相差几分的钻石，其每克拉价格可能相差悬殊，因此钻石的克拉重量也是衡量其品质的一个重要因素。

（2）克拉的进舍规则

如果以克为单位表示，则记到小数点第三位。

如用克拉为单位表示，记数要精确到小数点第二位，但第三位的取舍原则是8舍9入。如称重为0.598克拉，应舍8，记作0.59克拉；若称重为0.499克拉，则可记为0.50克拉。

克拉小数点第三位的八舍九入原则，非常严格，作为商人要以诚相待，作为消费者应分厘不让。钻石的价格对整数克拉和稍差整数克拉的价格相差较大，如1.00克拉和0.99克拉的钻石，基准价格可能相差15％左右。

（3）钻石的称重

钻石称重使用的工具有机械天平和电子秤两种。

△ **PT750金镶钻、蓝珠宝戒指**

△ **18K金钻石碧玺戒指**

△ **18K金钻石戒指**

直径20.01毫米，重12克

△ **18K金钻石戒指**

直径12毫米，重2.9克

△ **11.08克拉天然钻石戒指**

11.08克拉圆形钻石，VVS1净度，可见八心八箭现象，绚丽夺目，款式经典，彰显永不褪色的潮流。

△ **钻石项链**

项链长度380毫米

镶18K铂金。

（4）钻石的估重

在没有称重天平的情况下，可通过对钻石的直径、高、长、宽等进行测量，根据公式计算得出大致重量。具体计算公式如下。

① 标准圆多面形

重量（ct）=直径×直径×总高度×0.0061（薄腰）×0.0064（厚腰）

② 椭圆形

重量（ct）=［（长径+短径）／2］2×总高度×0.0062

③ 水滴形

重量（ct）=长×宽×高×0.00615（1.25：1.00）×0.00600（1.50：1.00）×0.00575（2.00：1.00）

④ 橄榄形

重量（ct）=长×宽×高×0.00565（1.50：1.00）×0.00585（2.00：1.00）

⑤ 祖母绿形

重量（ct）=长×宽×高×0.0080（1.00：1.00）×0.0092（1.50：1.00）×0.0100（2.00：1.00）×0.0106（2.50：1.00）

上述各计算公式中，质量单位为克拉，长度、宽度、高度的单位均为毫米。需要说明的是，只有钻石的切工标准，这些公式才能使用。对于偏离正确比例的钻石，所计算出的质量可能有1%～8%的偏差。

四 钻石的鉴别

由于钻石的珍贵和稀有，人们就不断地在寻找或通过人工合成某些物质来模仿替代钻石，即钻石的代用品。从正面来讲，这些代用品丰富了珠宝市场，给不同层次的消费者提供了一个只需花费低廉的价钱，即可体验一下佩戴珠宝首饰的外在感觉，或单纯作为装饰点缀自身的机会，但同时也带来了不小的副作用。例如，一些不法商人为了牟取暴利，利用消费者钻石知识的缺乏，把那些代用品冒充钻石出售，这既大大损坏了消费者的利益，又严重破坏了珠宝市场的正常运转。特别是对消费者有时造成的不仅是经济上的重大损失，还很可能在精神或情感上遭受打击或留下终身遗憾。作为消费者，欲购有所值，除需大众媒介多给予宣传和有关部门加强业内市场管理外，消费者本身还需掌握一定的珠宝常识和鉴别真假珠宝的方法，从而做到心中有数，有备而购。下面就介绍一些市面上常见的钻石代用品和鉴定钻石的小窍门。

1 | 钻石的代用品

钻石的代用品主要是利用某些天然珠宝或人工合成的珠宝来模仿钻石的高折射率、火彩和硬度等，从而达到代替或冒充钻石的目的（但迄今，任何代用品的硬度都远远不如钻石），这些物质大都无色透明，用来模仿市场上流通的无色—浅黄色钻石；虽也有一些彩色的代用品，但现在市场上很少见到彩色钻石，因而其代用品也很少见，如一旦遇到，应加倍小心。

（1）天然物质代用品

天然物质的钻石代用品主要有无色的锆石、无色蓝珠宝、无色水晶、无色绿柱石、碧玺、黄玉、榍石和锡石等。

锆石和锡石作为钻石的代用品，主要利用其较高的折射率和色散，从而产生较强的光泽和较好的火彩。

蓝珠宝主要利用其较高的硬度和较高的折射率来模仿钻石。

无色水晶因其硬度也较高，且资源相当丰富，有时也用来模仿钻石。

（2）人工合成物质代用品

人工合成物质作为钻石代用品的较多，主要品种有合成尖晶石、立方氧化锆、钇铝榴石、钆镓榴石、钛酸锶和合成金红石及人造高折射率玻璃等。这些合成品的成本很低，在市场上较为常见，特别是立方氧化锆，其次为钇铝榴石和钛酸锶。这些人工合成品都具有高的折射率和高的色散，从而产生强的光泽或好的火彩。

尽管上述代用品和钻石有某些相似之处，但只要掌握一定的钻石鉴定方法，再加上小心行事，还是可以避免上当受骗的。

2 | 钻石与其代用品的简易鉴别方法

虽然代用品与钻石之间存在着某些相似之处，但因钻石的极高硬度、高色散和特殊的光泽及固有的物理性质，代用品要同时具备所有这些特性是绝对不可能的。只要充分了解钻石的特性，要区别钻石和其代用品并不是一件难事。这里仅介绍一些消费者能够掌握、便于操作，而又不需专业仪器设备的方法。

（1）腰围测量估重法

现在市场流行的加工好的无色—浅黄系列的钻石，其切工大都是标准圆多面型。这种切工是专门根据钻石的折射率和色散值，为充分体现钻石的亮度、火彩，达到令人满意的颜色饱和度并充分保证原石的出成率，经过精确计算而设计的。因钻石的密度为定值，因此标准圆多面型切工的钻石，其腰围和其重量存在着对应关系，即根据腰围直径可来估算钻石的重量。

（2）透视法

取一张白纸（或取一张白的明信片），用钢笔画一条直线，将珠宝擦净，台面朝下放置于直线上（或明信片较小的字上），从亭部观察，如是钻石，透过珠宝将观察不到直线（或名片上的字迹），而透过大部分钻石代用品，则可观察到直线或直线的一部分，特别是折射率较低的代用品，如上述的天然珠宝代用品、立方氧化锆、钆镓榴石、玻璃和合成尖晶石等。

之所以出现上述现象，是因为采用标准圆多面型切工的钻石，从钻石冠部进入的光线，通过全内反射，几乎全部又从冠部反射出去，而很少通过亭部透射出去，从而沿亭部透过钻石观察不到台面下的直线。

（3）“暗窗”观测法

在桌面上放置一暗色背景（黑纸或布），将珠宝台面朝上，相对观察者向外慢慢倾斜，同时透过珠宝观察暗背景，如能观察到三角形的暗窗则可确认不是钻石。代用品的折射率越低，三角形暗窗越大，反之越小，折射率超过2.0也可能观察不到暗窗。

此方法的原理与透视试验法的相同，特别适合折射率较低的代用品，如一些天然代用品和合成尖晶石。

（4）点视法

取一张白纸，用钢笔或圆珠笔点一黑点，将珠宝台面朝下放置于黑点上（使黑点位于台面的中心），沿亭部向下观察，如可观察到一个大的黑圈，可能为钛酸锶；如是外部一个大圈在底尖部周围还有一个小的黑圈，则为立方氧化锆；如果是钻石则观察不到这些现象。此方法适用于区别钛酸锶、立方氧化锆和钻石。

（5）画线法

将珠宝清洗干净，用钢笔沾一滴油质墨水，在珠宝台面快速滑过，用10倍放大镜观察，如墨迹为一条连续的线，则为钻石；如为钻石代用品，墨迹将呈不连续的点状虚线。这是由于钻石具较强的亲油性所致。同样，若钻石沾上油污，就很难用一般布清除干净。

（6）水滴试验和哈气试验法

① 水滴试验

将珠宝清洗干净，滴一小点水珠于珠宝台面上，注意观察水珠的形态特点，人工合成品上的水珠呈明显的球形，而钻石上的水珠要平坦得多。

这种方法最好有一粒已知的钻石样品做对比进行观察。

② 哈气试验

将珠宝清洗干净，用嘴对珠宝台面哈气，观察哈气的消失情况，消失快的为钻石，慢者可能为代用品。此方法需要有已知的钻石样品作参照。该方法利用的是钻石较高的热导性。

（7）表面特征观察

将钻石用酒精清洗干净，用镊子和10倍放大镜观察珠宝的表面特征。

① 腰部特征

A钻石

▪ “砂糖状”粗面腰。由于钻石硬度大，在加工时，绝大多数钻石的腰部不抛成光面，而保留粗面（或部分粗面），看似呈毛玻璃的“砂糖状”。

▪ “须状腰”。由于钻石具良好的解理，加上快速打磨，在腰部边缘经常出现毛茬状微小裂纹（解理裂纹），呈“须状”。

▪“三角形生长座和V形切口”。由于钻石特殊的结构特点，在其腰部或两侧近处经常见到生长时遗留下的等边三角形生长座、三角凹陷、台阶状解理或生长纹和原始晶面。

上述三点是钻石的典型特征，是任何代用品不具有的，从而可有效地鉴定钻石，甚至在切磨时有意保留这些特征，以示其钻石身份。

B代用品

▪不具“砂糖状”或“须状腰”。然而大部分仿制品腰部也不须抛光，但因其硬度低，在其表面经常留下平行的抛光纹，有时呈钉状。

▪不具三角座或解理台阶。一些代用品腰部表面也具凹坑，但不是平直的等边三角形，而是呈弧状的贝壳状凹坑。

② 棱、刻面特征

A刻面棱

由于钻石的硬度高，钻石的刻棱锋利挺拔，犹如锋利的刀刃，而代用品的硬度和钻石相差甚远，即使精细切工，也常常使其棱和角顶呈浑圆形，特别是在放大镜下观察更为明显，再加之在流通过程中，珠宝与珠宝间相互擦碰，也常使其棱圆化或严重破损，表现为崩落点状裂口，这称为纸蚀效应。代用品常常波及小面本身，特别经热处理呈白色—无色的锆石代用品，其纸蚀效应尤其明显。虽然钻石也具有一定的纸蚀效应，但都只限制在棱上，而不波及小面，且程度远远不及代用品。

B刻面特征

由于代用品硬度低，在镜下反射光观察，常可见到一些弧形，或相互平行的抛光纹，钻石有时也具抛光纹，但很少，即使有，其相邻刻面的抛光纹方向性也不一致（这是因为方向性硬度差异造成的）。

C纹线特征

由于钻石存在双晶或生长纹，所以切磨好的钻石常在表面，甚至常透入内部，可见到平直的纹线。它可贯穿2～3个相邻的刻面，它是不会由于棱面不同而发生方向变化的，这是钻石典型的鉴定特征。

（8）加工工艺特征

由于钻石高精度的加工工艺和工具，也常使钻石的工艺特征和其代用品不同，可用来辅助鉴别钻石。

① 刻面棱交点对准精确

由于加工钻石的夹具上下、左右均可微调，钻石的三棱相交的顶角对准准确，无过陡或未碰尖现象。

② 冠部和亭部的对线准确

这是因为打磨钻石是先打磨亭部，而后以亭部为基准，用亭部的反射光线为准再来打磨冠部，所以冠亭部的对准非常好，而一般珠宝的加工顺序和其相反，且采用的是画线对准法，因而很难达到钻石的对准程度。

（9）底部刻面棱重影观察法

将珠宝清洗干净，用10倍放大镜从台面透过珠宝观察亭部刻面棱，如观察到底棱为平行的双影，则可毫无疑问地确定为钻石的代用品。

此方法是一种非常行之有效的方法，这是因为钻石为单折射率珠宝，而出现重影是双折射率珠宝才有的特征，特别是合成金红石、锆石、榍石、无色蓝珠宝、黄玉、碧玺等，仔细观察均可见到重影。

（10）光泽和"火彩"的观察法

尽管代用品都尽力用它们的折射率和"火彩"来模仿钻石，但钻石就是钻石，它特有的标准的金刚光泽和"火彩"与其代用品的光泽还是不同的，需要经常仔细观察，这些用文字很难表达，虽然某些代用品也具较强的光泽或火彩，但都显示一种呆板、干燥的感觉，而不像钻石那样柔润和赋有生气。另外，立方氧化锆代用品的火彩，多遍及整个珠宝，而钻石主要在冠部小刻面上。

除上述介绍的10种方法外，还有"透射光图案"观察等方法，用来区别钻石和某些代用品，但操作比较复杂。

需要说明的是，上述方法除个别方法可独立使用得出结论外，大多数需要不同方法的相互印证。消费者切忌凭一孔之见，断然定论。没有确切证据时，应请专家或专业检测部门帮助解决。

五 钻石的收藏与投资

1 | 掌握钻石销售与价格的走势

虽然非洲中南部、澳大利亚是世界钻石原石的主要生产国，但它们都不是珠宝级琢型钻石的主要生产国。这是因为这些国家生产的钻石原石，多受控于为数不多的跨国集团。其中最重要的便是著名的德比尔斯矿业公司（De Beers Mining Company）以及由其和其他几家公司联合组成的“中央销售组织”（Central Selling Organization，CSO）。据统计，全世界产出的钻石原石的70%是由它们控制的。20世纪50年代开始，它们还形成了单一渠道销售系统。这一系统对钻石原石从勘探、开采、分选评价、加工、钻石首饰设计制造以及销售，实行统一的指导经营和管理。也就是说，世界各主要产钻国通过协议将钻石原石销售给CSO，然后由CSO统一混配、分级，卖给有权参加拍卖会的170位钻石看货商或钻石经纪人（他们被称为第一竞买主），然后，由第一竞买主在二级市场上卖给其他规模更小的钻石二手商，或自己进行加工。二手商再转卖给三手、四手商。

▷ **钻石项链**

项链长约360毫米

铂金镶嵌钻石项链，水滴造型的钻石错落有致的镶嵌，仿佛闪耀在颈间点点繁星，璀璨无比。

正由于CSO对钻石原石的控制，使钻石加工主要不在产钻国进行，而是分散到世界其他地方。就全球而言，有4个主要的钻石加工区：美国的纽约、比利时的安特卫普、以色列的特拉维夫和印度的孟买。纽约由于地租昂贵，人员工资高，故以加工大颗粒钻石为主，也擅长为消费者进行旧式琢型钻石的翻新改造。印度的加工工本费最低，所以，他们主要加工利润率很低的碎钻，即所谓的米粒钻（重量为0.01克拉～0.20克拉）。比利时和以色列则是各粒级钻石的主要加工区。除上述4大中心外，俄罗斯、泰国、巴西也有较发达的钻石加工业。由于钻石加工是一种低污染、占地少、劳动密集型和加工附加值高的产业，因此也受到我国有关部门的重视，将其列入重点发展的城市工业，相信若干年后我国的钻石加工也会在世界上占有一席之地。

△ **钻石项链**

项链长约420毫米

18K铂金镶嵌总重约74.54克拉不同切割形状的钻石。每一颗美钻的位置经过精心铺排，镶嵌角度不尽相同，摄人的光芒有如银河再现，将夜空的纷繁景象演绎得淋漓尽致。

△ **钻石吊坠**

直径4毫米，重5.5克

△ **18K金钻石珍珠大象项链**

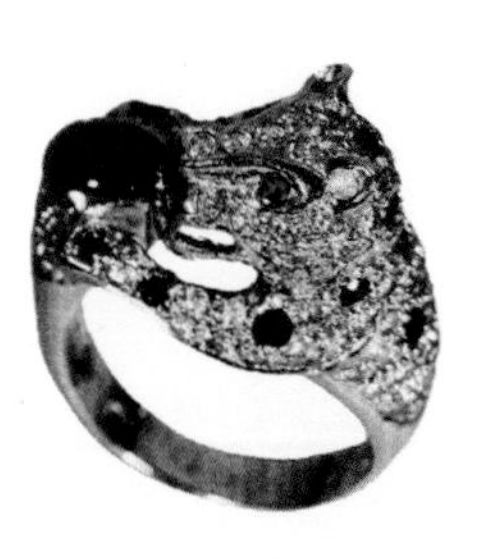

△ **18K金钻石红珠宝、祖母绿兽形戒指**

△ **钻石项链**

项链长约480毫米

18K铂金，黄金镶嵌总重约54.74克拉淡彩黄色、彩黄色钻石及总重11.14克拉白色钻石。璀璨生辉的美钻之间争明斗艳，星罗棋布，齐齐绽放奢华闪耀的光芒。

这些经各方加工的琢型钻石的销售也同样受到国际集团的控制。它们是世界钻石联合会（简称WFDB）和国际钻石厂商协会（简称IDMA）。WFDB有23个国家交易所会员，主要控制琢型钻石的交易。IDMA则通过各大钻石加工厂的协调控制钻石的加工和贸易。全世界加工好的琢型钻石大多通过这些销售组织分配给世界各大钻石交易中心，然后通过各大交易中心销向世界各地的消费市场。在这些机构及组织的控制下，钻石市场获得了良好的平稳发展，钻石价格也平稳增长。一旦市场出现动荡，如需求旺盛，价格上扬，它们就会抛出更多的钻石来抑制价格；若需求疲软，价格下浮，它们又会减少钻石供应量，促使价格回升。所以，许多年来钻石价格的上升，一直维持在合理的水平范围内。

从全球来说，钻石消费的最大市场是美国。2004年，钻石订婚指环平均价格创下新高，达2600美元，82%的新娘均有一枚。美国珠宝消费市场总值约为440亿美元，专门零售商的市场占有率为50%左右。第一研究（FirstResearch）的报告指出，美国消费者购买的珠宝中，35%为结婚首饰（如订婚、结婚及周年纪念指环），人造首饰（包括指环、手链、耳环、胸针、金链、金饰）占11%，有色珠宝首饰（如红珠宝及蓝珠宝）占9%。

我国的钻石消费，自改革开放以来也有了迅猛的发展，我国钻石首饰年销售量总件数突破100万件，更是在2008年全球经济普遍低迷的情况下，中国对钻石的需求量跃升至第二位。自2009年以来，中国已连续3年稳居全球第二大钻石消费市场。公开数据显示，2011年比利时安特卫普、以色列特拉维夫、印度孟买、中国上海四大钻石交易所的钻石进出口交易总额分别为565亿美元、208亿美元、630亿美元、47亿美元，分别增长35%、23%、16%和63%。由此可见，中国消费者对钻石需求之旺盛。

△ **18K铂金镶钻石项链**

长420毫米

△ **18K金钻石碧玺戒指**

◁ **钻石、粉红蓝珠宝及红珠宝吊坠**

吊坠直径24毫米

18K黄金镶嵌共1.64克拉白钻，配镶0.99克拉天然粉红蓝珠宝，及1.12克拉天然红珠宝，富丽璀璨。

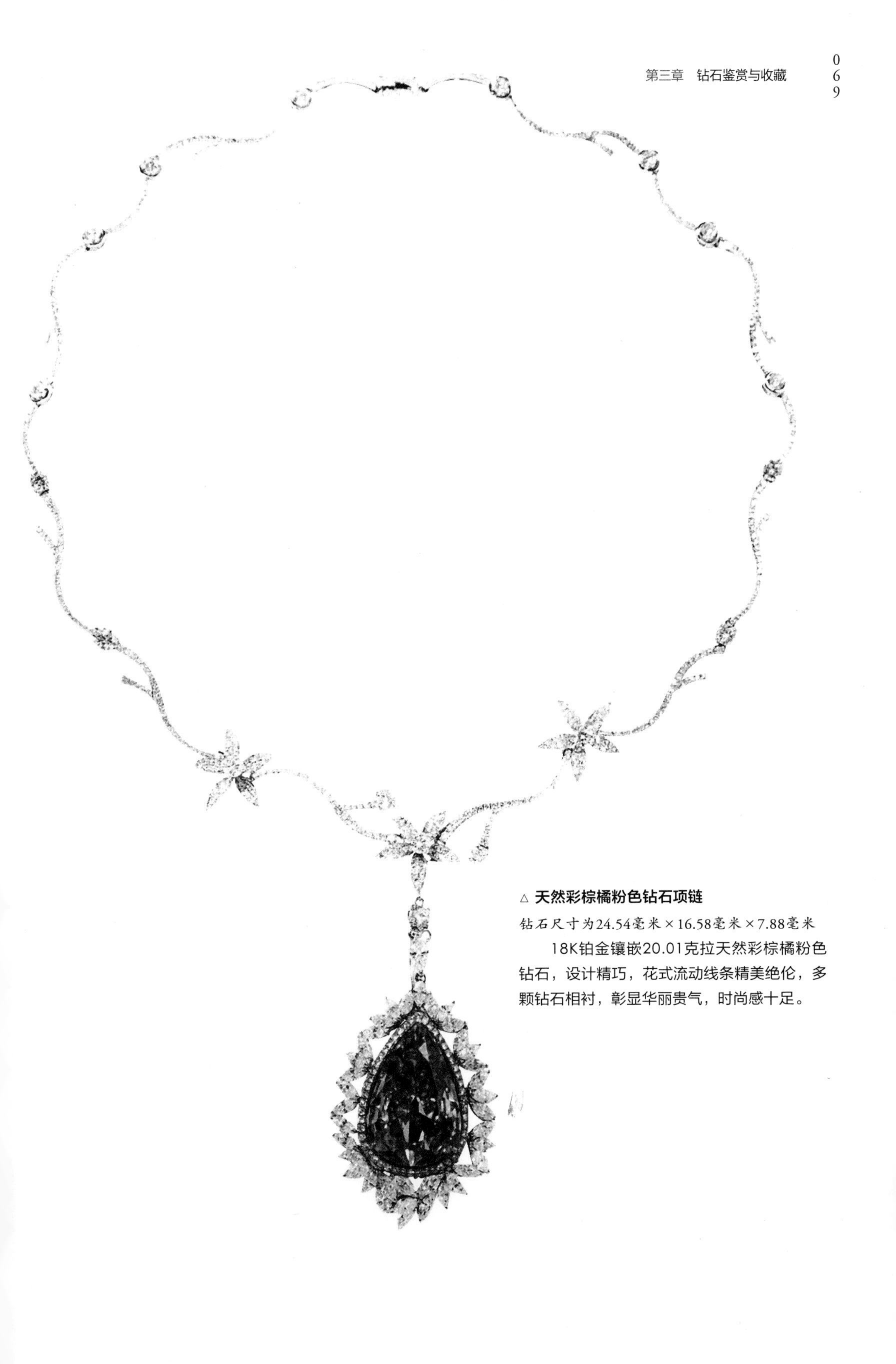

△ **天然彩棕橘粉色钻石项链**

钻石尺寸为24.54毫米×16.58毫米×7.88毫米

18K铂金镶嵌20.01克拉天然彩棕橘粉色钻石，设计精巧，花式流动线条精美绝伦，多颗钻石相衬，彰显华丽贵气，时尚感十足。

△ **卡地亚（CARTIER）黄金配镶钻石项链 约1975年制**

18K黄金带钻项链，做工精致，配钻火彩强烈，熠熠生辉，背刻卡地亚品牌标识。

△ **18K金镶钻、蓝珠宝戒指**

△ **18K金镶钻、蓝珠宝戒指**

2 钻石的收藏投资要点

当您决定收藏投资钻石时，您应该注意以下几个问题。

第一，如果你购买钻石是为了收藏和投资，期望它能升值，而不是单纯为了装饰，那么您购买的一定要是真正的天然钻石。然而，从前面各节的叙述中，我们已经知道，在当今的钻石市场上存在3个层次的真伪问题。首先要辨别买的究竟是钻石还是仿钻；如果是钻石，还要区分它是天然的，抑或是人工合成的；如是天然的，又应鉴别它是未经处理的真正天然钻石，还是经过这样那样人工美化处理的天然钻石。

△ 裸钻

第二，即使是真正的天然钻石，其价值和升值潜力也不尽相同。一般说来，4C等级越高，不仅价值越高，升值潜力也相对越大。

第三，既然钻石的4C等级直接影响钻石的价格和未来的升值潜力，那么，它的正确判定显然是十分必要的。然而遗憾的是，迄今为止，4C等级的判定还依赖定性的方法，尚无法采用准确的定量的方法（克拉重量例外）。这就难免会出现这样那样的误差。因此，对于大颗粒高等级钻石来说，为了保险起见，取得两家以上的分级报告来互相印证是十分必要的。

△ 裸钻

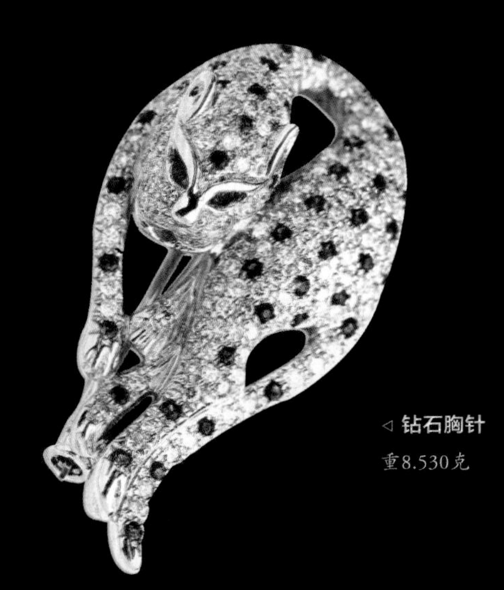

◁ 钻石胸针

重8.530克

△ **钻石胸针（鸟形）**
重9.613克

第四，钻石有着相对规范的国际市场，它不仅有一个比较成熟的并被广泛接受的估价体系，而且10克拉以下的钻石还有即时的行情报价表。因此，如果您对拟购的钻石价格有所疑虑，就可以通过查询报价来判断其价格是否合理，避免受到损失。

第五，在购得钻石以后，在收藏保管时仍要处处注意。钻石虽然坚硬，但长时间让它与硬物接触摩擦，仍会使它受到磨损，留下擦痕。另外，由于钻石有中等的解理，具有一定的脆性，所以更加忌讳猛烈地碰撞。碰撞有可能使它破裂，甚至缺损。收藏钻石应单独放在用绒布做成的首饰盒里。

第六，经常佩戴的钻饰，除了防止碰撞和与硬物摩擦外，还应随时清洗。这是因为钻石具有亲油性，易于吸附人体分泌的油脂，沾染尘埃，结果会影响钻石的光彩，使它不再明亮耀眼。洗去油污可以使它继续保持璀璨的光泽。清洗钻石可用超声波清洗机（但填充钻石不能用），或用软毛刷沾些普通的洗洁精轻轻刷洗。

3 | 钻石的购买

在购买钻石及其饰品时，消费者应先做一个购买计划，并特别注意以下几个问题。

（1）明确购买目的

对不同的人，在不同的时期，购买钻石及其饰品的目的是不尽相同的，因此应根据不同的购买目的，首先计划好要买或应买的钻石的品质、等级及饰品的种类（如戒指、项坠、手链和耳坠等）。

如果购买钻石是为了自己佩戴，要根据自己本身的体形、脸形特点，初步设想好应购买首饰的款式和色调，同时还要考虑与之相搭配的服装特点、职业特点及出入场合。如果经常出入一些场面较大、档次较高的公共场所，可选择1～2件能显示您气质和特色的饰物。对准备参加晚宴的珠宝首饰，以选择成套的钻石首饰为宜。如是为自己的意中人选择定情信物，更要注意品质和大小。

如果购买的目的是作为礼物赠送亲友的话，可选择具有相应象征意义的珠宝。

如果购买钻石只是作为一种投资的话，应该说这是一个非常有远见的选择，因为选择钻石作为一种投资，可能是比选择股市、黄金和外汇更为保险稳妥的投资方向，这一点大部分消费者可能还没认识到。因为钻石的价值始终是和人们的生活水平相对应的。生活水平是不断提高的，因此钻石的价值也是在不断上涨的。在美国有这样一个实例。

一位女士有一件自己非常喜欢的钻石戒指，可有一天她看到一辆价值8000英镑的赛车，可以说，她对它一见钟情，决意要购买这辆车，可车主说，要买可以，但必须用她的那枚戒指来换，她同意了。事隔五年之后，这位女士想卖掉这辆车，但她发现，现在这辆车只值1800英镑，而她那枚戒指仍可买一辆比她买的那辆车性能好得多的名牌新车。由此可知钻石的保值意义。

◁ **钻石、红珠宝及祖母绿（Tandjore）耳环**

耳环长度40毫米

镶18K黄金。

△ **钻石戒指**
总重22.723克

但是，如果要作为投资购买钻石，钻石的大小应在0.5克拉～3克拉，色级F以上，净度VS以上为适。过大或过小，品质等级过高或过低都可能很难达到投资的目的。特别是重量大于3克拉以上，净度色级较高的钻石，当想收回投资时，就很难马上找到买主。不过钻石的投资利润要经数年才能体现出来。

△ **钻石戒指**
直径5.03毫米，总重4.8克

△ **钻石及蓝珠宝耳环（一对）**
耳坠长约32毫米

18K黄金镶嵌QUEEN'S HEART白钻，配以蓝珠宝，工艺精制，心形白钻可活动，曼妙可爱。

△ **钻石、天然粉红蓝珠宝心形吊坠**
吊坠尺寸约为35.90毫米×30.56毫米

18K金镶嵌总重2.07克拉钻石，7.85克拉粉红蓝珠宝吊坠，经典时尚。

如果购买钻石是作为收藏的话，当然以大于1克拉，净度、色级和车工质量越高越好。

（2）充分考虑经济实力

购买钻石及首饰时，首先应该考虑的是你的经济支付能力，切不可为了一时达到你的购买目的，而不惜一切代价。其实，现在钻石珠宝市场的价格范围很大，总可以找到适合你经济支付能力的一件或多件钻石饰品。不可一时感情用事，而做出超过你经济支付能力的事情。虽然这是购买者自己的事情，但我们周围没有认真考虑此项因素的人却大有人在。如果你的支付能力有限，建议你先遵守少而精、小而好的原则购买。

（3）进行市场调查

一旦决定了要购买钻石及其饰品的种类、品质等级后，你便可到一些信誉较好的商场或专卖店进行一下调查，调查时要注意收集款式、品质和价格及售后服务等方面的信息。经对比分析之后，最后确定1～2个店家，做为你最后选购的地方。

（4）挑选及讨价还价

挑选主要是指在你欲购买的款式、价格范围内进行挑选。挑选的方法无非就是利用你掌握的4C法则对钻石的品质进行选择，在你认为适合的价格范围内，挑选出品质相对最佳的商品，即达到了目的。

挑选的另一种方法是，针对你喜欢的款式类型，提出你的钻石品质要求，并对商家提供的商品进行挑选。

购买的最后一项便是讨价还价了。讨价还价可说是很正常的事情，无需不好意思。讨价还价的原则就是根据你掌握的市场情况和钻石价格评估方法，就你认为合理的价格进行讨价还价。但讨价还价时应掌握：对你已选中的商品，切不可给人一种迫不及待、爱不舍手的感觉，要冷静、沉着，以免商家利用你的这种心理，坚持你认为较高的价格；讨价还价要说出你具体的理由，如净度、颜色，切工和加工工艺等方面的不足，这样结果可能要好一些，从而达到你的目的。

（5）购买凭证和质量保证书的索要

在购买好商品之后，请千万不要忘记和商家索要发票、小票等购买凭证，上面一定要准确写明名称、价格（单价和总价），标明钻石及其首饰的总重量。如可能还可索要相应的鉴定证书或信誉证书等，问清楚售后服务项目。一旦事后发现质量问题或佩戴过程中出现问题，可到商家得到及时合理的解决。

六 钻石的养护

△ **18K铂金钻石戒指**

钻石属于高档名贵珠宝，加工良好的钻石可放射出璀璨夺目的光彩，但如果你在佩戴和使用过程中不注意养护，也可能会损伤钻石，或影响钻石的色彩，甚至无意中丢失。钻石及其首饰在佩戴过程中应注意以下几点。

△ **PT900铂金镶钻、祖母绿戒指**

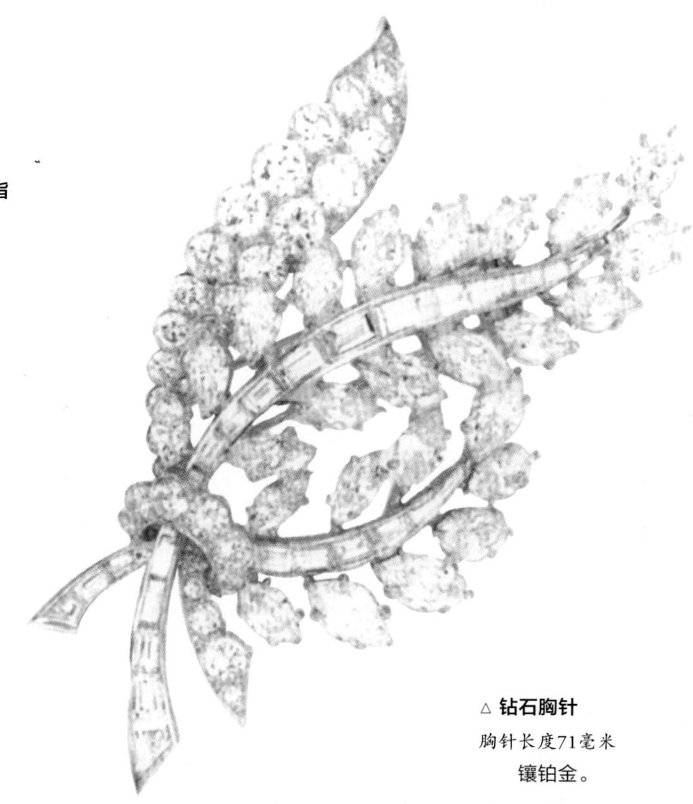

△ **钻石胸针**
胸针长度71毫米
镶铂金。

1 | 避免猛烈的冲击

钻石虽是世上最坚硬的物质，但它也有另一个特性，就是具一组八面体解理，当钻石遭受冲力时，可沿八面体方向破裂成光滑的平面，人们也正是利用钻石的这一性质使钻石切割成为可能，并把它设计加工成各种款式的成品。但在佩戴过程中却应尽量避免钻石遭受冲击，以免损伤。建议在从事重体力劳动或维修之类的工作时，不要佩戴钻石首饰，以防万一。

△ **镶钻玻璃种高色翡翠戒指**
翡翠直径18毫米，总重16.25克

△ **PT900铂金镶钻、翡翠戒指**

△ **铂金PT900钻石翡翠戒指**

△ **PT900铂金镶钻、翡翠戒指**

2 | 避免高温

钻石的成分是碳，如果在高温环境下放置时间过长，可能会引起其结构的破坏（至少避免100℃以上的高温），如果将钻石丢入火中，可能会引起表面碳化或燃烧（一般在空气中1100℃以上可使钻石燃烧），如在火中烧至红时，钻石可能会燃烧。因此在从事高温作业和做饭时尽量不要佩戴钻石，以免造成憾事。

3 | 避免两件以上钻石首饰混放

因钻石不同方向表现的硬度不同，两个钻石放置在一起，相互摩擦，可能会损伤钻石，影响钻石的光泽和光亮。

4 | 定时清洗钻石

钻石是亲油性很强的珠宝，佩戴一段时间后，很容易在表面和底部粘上油污，从而严重影响其光泽和火彩。建议你一周清洗一次。可到购买钻石的商家享受售后清洗服务，也可自己清洗，方法是，使用中性的清洗剂如安利LOC和洗涤灵等，将钻石及饰品浸泡数分钟，取出后用毛刷清洗，之后用清水冲洗干净，晾干即可。但在清洗时，切记不要直接在洗手间直对水龙头冲洗，因为一旦钻石有所松动而脱落，流水将钻石冲入下水道将追悔莫及。

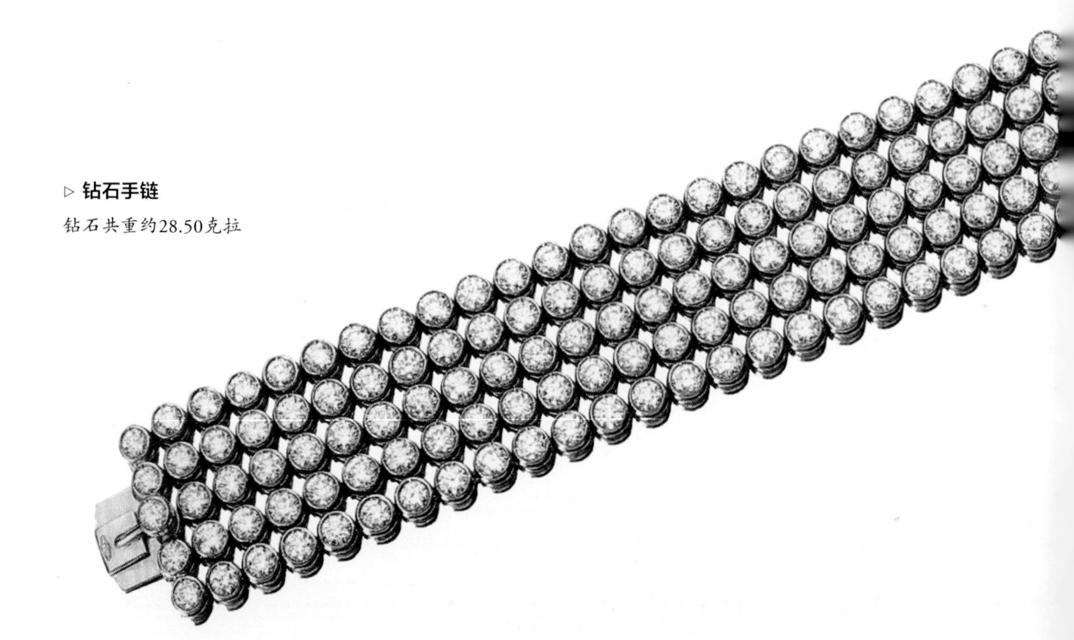

▷ **钻石手链**

钻石共重约28.50克拉

△ **PT900铂金镶钻、蓝珠宝戒指**

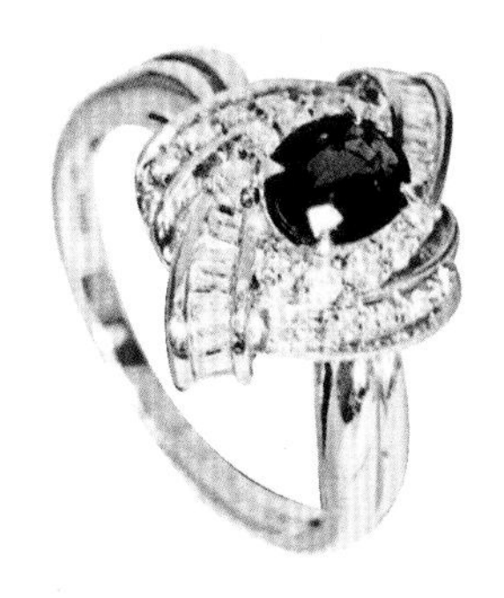

△ **铂金PT900钻石蓝珠宝戒指**

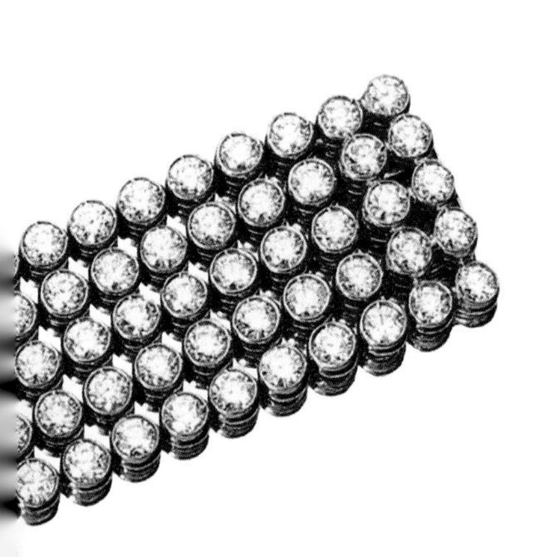

5 | 定期检查

定期用镊子或牙签拨动钻石，检查有无松动现象，如发现松动现象，请包好到相关地方去维修，以免不知不觉地丢失。其实，这种事情是经常发生的。

6 | 不随意放置

在清扫房屋及洗脸化妆时，尽量不要佩戴钻石首饰，摘下放入首饰盒中，因为洗脸化妆时的油质物质和污垢很容易沾固在钻石上。如在公共盥洗间洗手，宜将首饰装入衣袋中，洗完后马上戴好。

第四章

红珠宝、蓝珠宝鉴赏与收藏

一 红珠宝、蓝珠宝的由来

△ **天然缅甸红珠宝配镶钻石戒指**

主石尺寸约为11.29毫米×10.14毫米×4.82毫米

950铂金镶嵌5.04克拉天然缅甸红珠宝，颜色浓艳，主石饱满，配镶共重5.63克拉钻石，璀璨夺目，奢华至美。

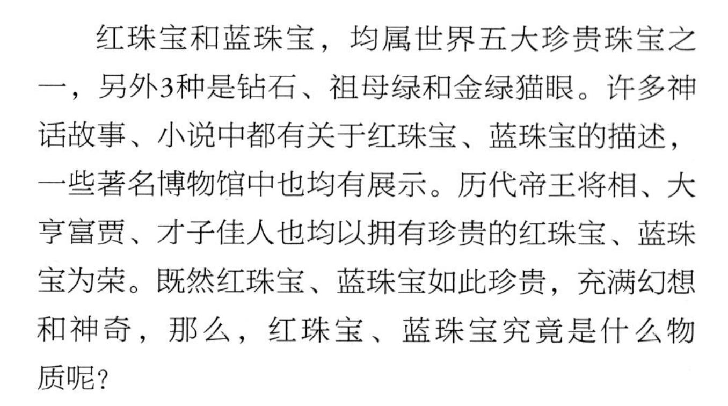

红珠宝和蓝珠宝，均属世界五大珍贵珠宝之一，另外3种是钻石、祖母绿和金绿猫眼。许多神话故事、小说中都有关于红珠宝、蓝珠宝的描述，一些著名博物馆中也均有展示。历代帝王将相、大亨富贾、才子佳人也均以拥有珍贵的红珠宝、蓝珠宝为荣。既然红珠宝、蓝珠宝如此珍贵，充满幻想和神奇，那么，红珠宝、蓝珠宝究竟是什么物质呢？

1 红珠宝、蓝珠宝的定义

古代时，人们识别珠宝的水平不高，把凡是红色的珠宝都叫作“红珠宝”，所有蓝色的珠宝都叫做“蓝珠宝”。现在看来，古代所谓的“红珠宝”包括红色的刚玉（红珠宝）、红色的尖晶石、红色的石榴石、红色的电气石（碧玺）等；而“蓝珠宝”则包含了蓝色的刚玉（蓝珠宝）、蓝色的尖晶石、蓝色的电气石（碧玺）及海蓝珠宝等。显然，这种叫法是很含糊不清的。

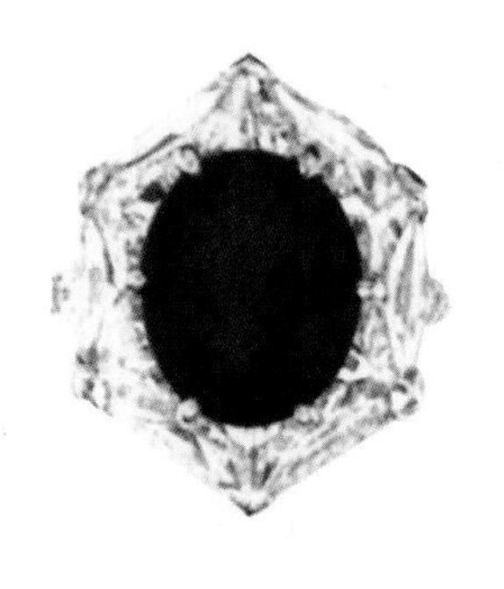

△ **椭圆形缅甸天然红珠宝戒指**

红珠宝直径4.25毫米

配以钻石，镶18K铂金。

到了自然科学发达的今天，“红珠宝”和“蓝珠宝”这两个名词，经过演变，已有了明确的含义。“红珠宝”（英文ruby）专指具有珠宝质量的红色刚玉，而“蓝珠宝”（英文sapphire）一词，先由泛指“蓝色的珠宝”，变成专指具有珠宝质量的蓝色刚玉（狭义的蓝珠宝）。目前，这个含义又

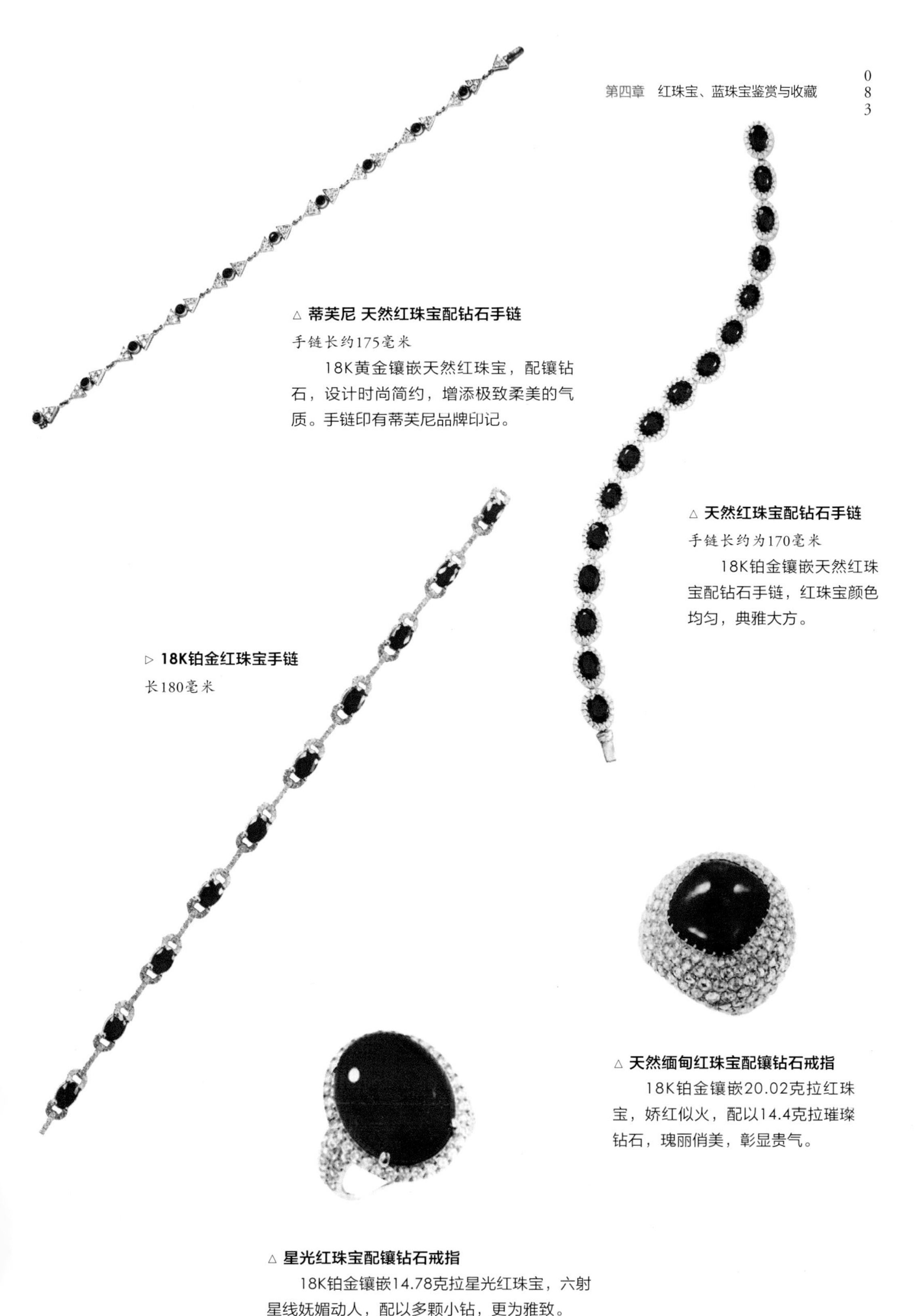

△ **蒂芙尼 天然红珠宝配钻石手链**

手链长约175毫米

18K黄金镶嵌天然红珠宝，配镶钻石，设计时尚简约，增添极致柔美的气质。手链印有蒂芙尼品牌印记。

△ **天然红珠宝配钻石手链**

手链长约为170毫米

18K铂金镶嵌天然红珠宝配钻石手链，红珠宝颜色均匀，典雅大方。

▷ **18K铂金红珠宝手链**

长180毫米

△ **天然缅甸红珠宝配镶钻石戒指**

18K铂金镶嵌20.02克拉红珠宝，娇红似火，配以14.4克拉璀璨钻石，瑰丽俏美，彰显贵气。

△ **星光红珠宝配镶钻石戒指**

18K铂金镶嵌14.78克拉星光红珠宝，六射星线妩媚动人，配以多颗小钻，更为雅致。

有了改变，“蓝珠宝”变成了指具有珠宝质量的任何颜色的刚玉（红色的除外）。也就是说，蓝色的、绿色的、紫色的、黄色的、粉红色的，乃至无色透明的刚玉，全都叫作“蓝珠宝”（广义的蓝珠宝），实际使用时，再冠以颜色，例如黄色蓝珠宝、无色蓝珠宝、绿色蓝珠宝等。

△ **缅甸天然鸽血红红珠宝配镶钻石戒指**

主石尺寸约为8.44毫米×7.16毫米×4.29毫米

铂金900镶嵌2.35克拉天然缅甸鸽血红红珠宝，鸽血红色亮丽，款式简洁大方。

从矿物学角度讲，红珠宝和蓝珠宝均属于同一种天然产出的矿物——刚玉。当刚玉的晶体具有珠宝级光学特征时，就属于珠宝的范畴。刚玉的化学成分为Al_2O_3，属三方晶系，完善的晶体常为六边形桶状、柱状或板状。

它有两个折光率，数值分别为1.760和1.770。由于刚玉的折光率比玻璃（约1.50）、水晶（约1.54）都大，因而显得更加明亮。当然，它比不上钻石，因为钻石的折光率更大，约为2.417。刚玉具有较强的二色性，即从不同的方向观察时，可见到两种不同的颜色。红珠宝，一个方向上呈淡橙红色，另一个方向上呈红色；蓝珠宝（指狭义的蓝色蓝珠宝），一个方向上呈淡蓝绿色，另一个方向上呈蓝色。刚玉的相对密度为3.5～4.2，比玻璃（2.3）、水晶（2.66）要大。

△ **红珠宝配镶钻石戒指**

主石尺寸约为10.43毫米×8.96毫米

14K金镶嵌4.75克拉红珠宝配钻石戒指，红色柔美温情，钻石闪闪发光，温纯时尚。

刚玉的摩氏硬度为9，仅次于金刚石。换句话说，除金刚石可以刻划它以外，再也没有比它更硬的矿物了。因此，普通刚玉（也就是非珠宝级刚玉）是很好的研磨材料。由于其硬度高，琢磨好的红珠宝或蓝珠宝镶在首饰上，经长期佩戴也不会被划伤或磨毛，这也是它的一个重要优点。可是，刚玉性脆，经不起碰撞，在加工琢磨和日常佩戴时应该加以注意，以免受撞碎裂。刚玉的化学性质非常稳定，在空气中经久不变，其熔点高达2050℃，不溶于酸、碱。所有这些性质，都是高级珠宝所应具备的。

红珠宝的红色，是由于晶体中含有微量的Cr_2O_3（三氧化二镍），它不仅在可见光中显现红色，而且在紫外线的照射下，会发出鲜红色的荧光，这就使红珠宝在含有紫外线的阳光下显得更加美丽。红珠宝的红色色调变化甚多，有粉红、鲜红、紫红、暗红等。一般其红色都较浅淡，而且不均匀，故以色鲜红且均匀者为佳，尤其是缅甸所产的一种纯红色红珠宝，叫作“鸽血红”，是罕见的珍品。此外，一种非常透明而又带粉红色，看来好似石榴籽的红珠宝，也是名贵品种。天然产出的红珠宝，颗粒一般都很小，达到1克拉的已不多见，大于5克拉的则为罕见之物。迄今为止，世界上发现的最大红珠宝的重量，与最大的钻石相近，为3450克拉，产于缅甸。著名的“鸽血红”红珠宝，最大者仅重55克拉。

蓝珠宝的蓝色，是由于含有微量的Fe（铁）和Ti（钛）；绿色含Co（钴）和V（钒）；黄色者含Ni；褐色者含Mn（锰）和Fe^{3+}（三价铁）。蓝色的蓝珠宝色调极多，由浅蓝逐渐加深至黑蓝色，以鲜艳的天蓝色、“矢车菊蓝”（即微带紫的蓝色）为佳。蓝珠宝比红珠宝产量高，而且几克拉者较常见，但达到100克拉以上者为罕见的珍品。世界上发现的最大蓝珠宝重达19千克，产于斯里兰卡。

在各色蓝珠宝中，除最常见的蓝色珠宝外，较常见的还有绿色的蓝珠宝，它与该种珠宝中含有微量的二价铁有关。不过绿色蓝珠宝的绿色通常不是很鲜艳，而是常杂有蓝色调、黄色调或灰色调。这种颜色上的不足，使绿色蓝珠宝常具有较低的价值（罕见的翠绿色者例外）。

与绿色蓝珠宝不同，黄色蓝珠宝则常常能见有较好的黄色，如鲜黄色和金黄色。导致蓝珠宝呈黄色的原因是它含有以三价铁为主的微量元素。

△ **枕形缅甸天然红珠宝戒指**

配以小钻，镶18K黄金

△ **蓝珠宝戒指**

重13.067克

在蓝珠宝家族中最受人们宠爱的，通常也是价值最高的，是一种被人们称为帕帕拉恰（padparadscha）的蓝珠宝。这是一种具有美丽的水红到橙黄色的蓝珠宝。由于其色彩艳丽惹人喜爱，且产出十分稀少，故具有很高的价格。当重量相同时，其价格不仅位列蓝珠宝之首，甚至常常超过优质的红珠宝。目前已知，此种蓝珠宝主要来自斯里兰卡。另外，坦桑尼亚的阿巴河谷据说也有少量产出。据研究，帕帕拉恰蓝珠宝的颜色主要来自微量的铬和三价铁。

△ **蓝珠宝配镶钻石戒指**

主石尺寸约为13.97毫米×12.02毫米

18K铂金镶嵌10.7克拉蓝珠宝带钻戒指，蓝色神秘迷人，款式大气时尚。

△ **天然皇家蓝蓝珠宝配镶钻石戒指**

18K铂金镶嵌12.04克拉蓝珠宝，蓝色深邃，配以1.43克拉天然钻石，高贵华丽尽显。

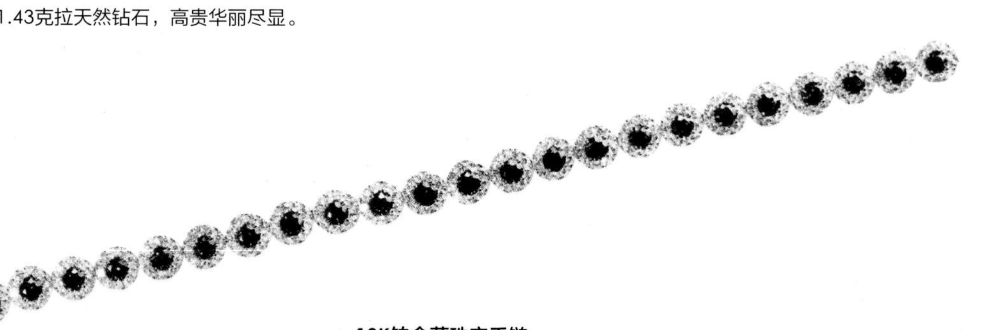

△ **18K铂金蓝珠宝手链**

长165毫米

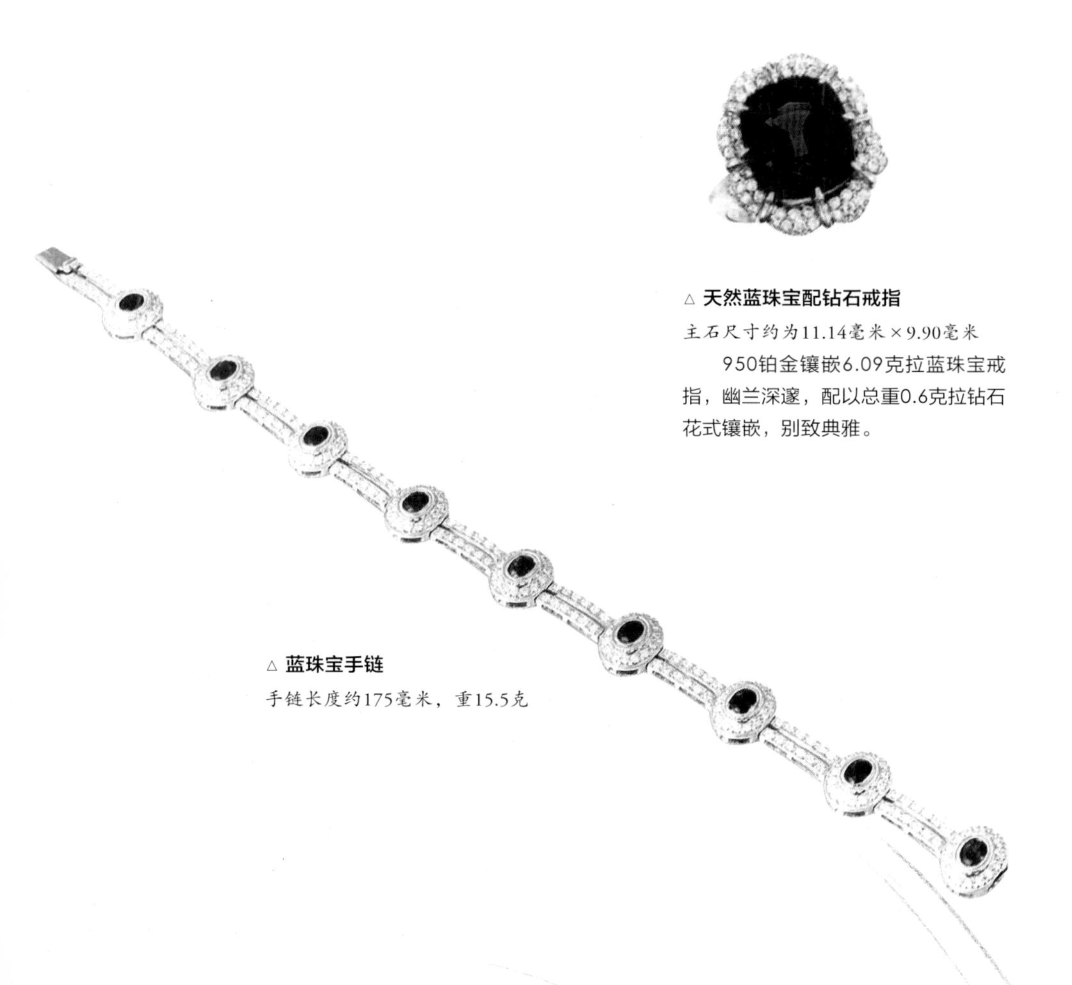

△ **天然蓝珠宝配钻石戒指**

主石尺寸约为11.14毫米×9.90毫米

950铂金镶嵌6.09克拉蓝珠宝戒指，幽兰深邃，配以总重0.6克拉钻石花式镶嵌，别致典雅。

△ **蓝珠宝手链**

手链长度约175毫米，重15.5克

蓝珠宝还有灰黑色、褐色、古铜色、淡紫色和无色的，它们大多价格较低。其中，无色蓝珠宝常被称为“白珠宝”，并用作钻石代用品。我们曾经发现一些旅游者从泰国购回的首饰中，本来用于围镶其他彩色珠宝的小钻，常常被这种所谓的白珠宝所替代。

蓝珠宝中还有会变色的蓝珠宝。这种蓝珠宝常常在日光下呈蓝色或灰蓝色，在灯光下呈红紫色。其价格的高低，要视其变色效应是否显著、变色的强弱而定。遗憾的是，虽然它们大多具有可观察的变色效应，但却不是十分醒目。已知此类蓝珠宝主要来自缅甸和斯里兰卡。

有些蓝珠宝还可以同时具有两种颜色（无须二色镜，可直观地看到两色），其中比较常见的是蓝、绿两色，或黄、绿两色。1991年，在我国山东还发现一半为蓝珠宝、一半为红珠宝的红、蓝两色珠宝，被称为“鸳鸯珠宝”。该石原重13.5克拉，加工成椭圆形戒面后，重2.67克拉。

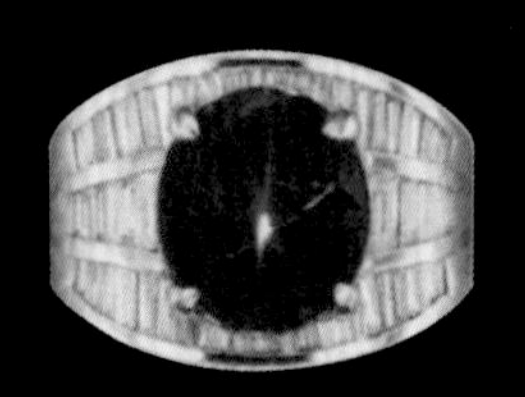

△ **星光蓝珠宝戒指**
配以钻石，镶铂金

具有星光效应的星光蓝珠宝也是蓝珠宝的重要品种。应该说，星光蓝珠宝比星光红珠宝更为常见，而且还时见有颗粒巨大的，可惜大多色彩偏深、偏黑。1948年，在澳大利亚发现的“昆士兰黑星蓝珠宝”，重达733克拉，号称世界上最大的星光珠宝，近黑色。美国华盛顿斯密逊博物馆也存有一颗被命名为“亚洲之星”的星光蓝珠宝，重330克拉，系缅甸所产。

△ **星光蓝珠宝戒指**
配以钻石，镶18K铂金

在各种各样的蓝珠宝中最神奇的是那些具有“魔彩效应”的蓝珠宝。所谓魔彩效应是目前仅发现于蓝珠宝的一种特殊的光学效应。具有这种效应的蓝珠宝会产生特殊的晕彩，并可随入射光线的角度变化而变化，并构成一定意境的图案。人们从不同角度看上去时，它的图案就像变魔术一般发生变幻，故曰魔彩。已知此类珠宝来自我国山东，已发现的几颗根据其晕彩图案被命名为：“星照琼楼”“雄鹿腾跃”“宝塔飞檐”“灵龟探首”“万里长城”等。其中最早发现的魔彩1号蓝珠宝，重为25克拉，在黑色微透明的底色上可闪现橙、黄、绿等不同的晕彩，有的角度看去如“唐僧西天取经”，有时又如“柳林晨曦”，有时又如“碧海朝霞”。

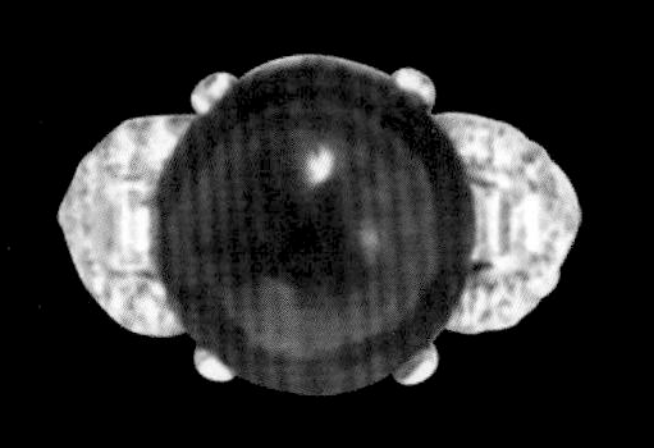

△ **喀什米尔天然蓝珠宝蛋面戒指**
戒面直径5.25毫米
配以钻石，镶铂金。

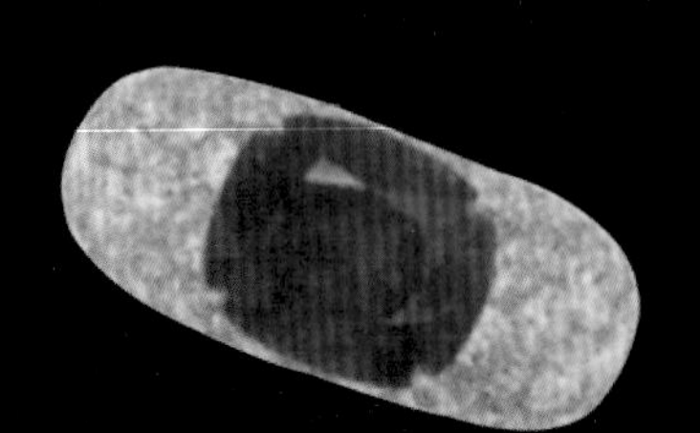

◁ **椭圆形蓝珠宝戒指**
戒面直径5.75毫米
配以小钻，镶铂金及18K黄金。

2 | 蓝珠宝的基本概况

从矿物学的角度来说，蓝珠宝和红珠宝是“一脉相传”的。它们都是三氧化二铝（Al_2O_3）的三方晶系的结晶体，矿物学名称是刚玉。为什么红珠宝是红色的，而蓝珠宝是蓝色的呢?原来是在它们的晶格中混入了一些不同的微量元素。在红珠宝中，代替铝参加刚玉晶格的是铬，因此它呈红色；而在蓝珠宝中却是微量的铁和钛替代了铝，导致了蓝色的出现

混入蓝珠宝晶格中的微量元素，常不限于铁和钛，还常会有其他微量元素的混入。在它们的影响下，蓝珠宝的蓝色也会有不同的变化，如淡蓝、灰蓝、绿蓝、紫蓝、暗蓝、蓝黑等，其中以如矢车菊般的蓝色为最佳，其次是墨水蓝和中等深度的纯蓝色。

蓝珠宝和红珠宝既然在矿物学上同属一种矿物——刚玉，也即两者的主要化学组分是完全相同的，都可以用Al_2O_3来表示，而且其内部晶体结构也是完全一样的。所以，它们的基本物理化学性质，如硬度、折射率、密度、裂理等也都一样（仅有极小的难以察觉的区别）。不过，在自然界，蓝珠宝和红珠宝却常常产在不同的地质环境里。通常，大多数蓝珠宝与火成岩密切相关。它的晶体可能形成在地球深部、地壳之下的地幔层里。当地幔中部分岩石因压力环境的变化熔化成为岩浆往浅部运动时，恰好将其捕获，便带着它一起向上运动，最后以火山喷发的形式带到地面。于是它便以大小不等的所谓捕掳晶的形态，产在喷出的火山岩中。

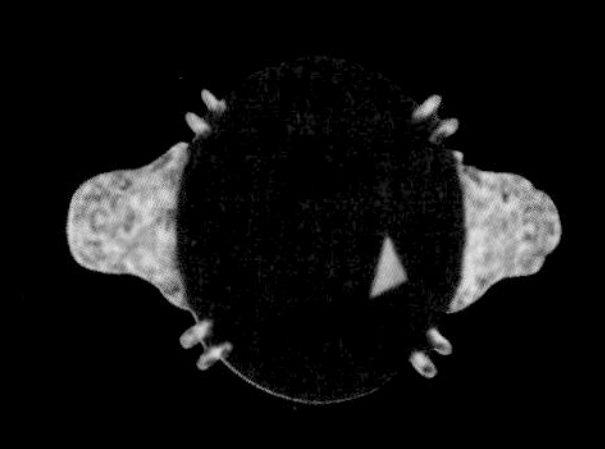

△ **椭圆形缅甸天然蓝珠宝戒指**

戒面直径5.75毫米

配以钻石，镶18K铂金。

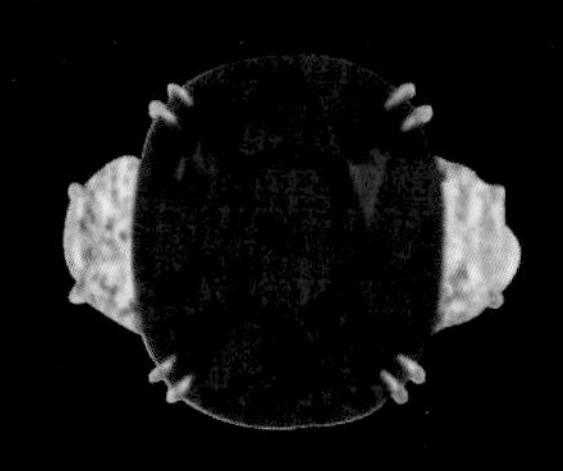

△ **枕形缅甸天然蓝珠宝戒指**

戒面直径5.25毫米

配以钻石，镶18K铂金。

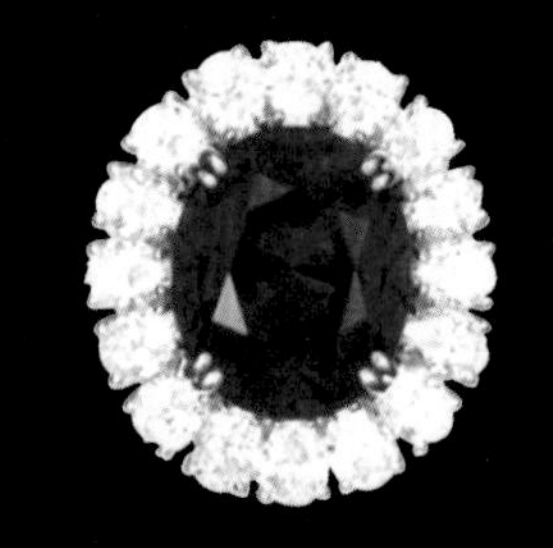

△ **椭圆形缅甸天然蓝珠宝戒指**

配以钻石，镶18K铂金。

◁ **彩色蓝珠宝14K金镶钻戒指**

重8.9克

彩色蓝珠宝共计11.85克拉，钻石1克拉，14K玫瑰金。

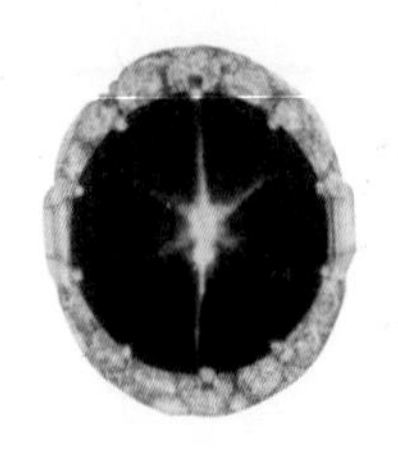

△ **天然星光蓝珠宝戒指**
配以钻石，镶18K铂金。

△ **铂金蓝珠宝戒指**
重7.7克

△ **铂金星光蓝珠宝戒指**
重6.85克

△ **铂金星光蓝珠宝戒指**
重6.85克

产自澳大利亚、我国山东省，还有东南亚地区的蓝珠宝就是这样形成的。红珠宝虽然也可以有这样的成因，但更多、更主要的红珠宝却具有完全不同的成因，是早期形成的岩石由于外界物理化学条件的改变，而发生脱胎换骨改变的结果。

正由于它们的产出环境有明显差异，也就决定了蓝珠宝与红珠宝相比也有着不尽相同的分布状态。首先，从资源分布来说，蓝珠宝比红珠宝分布在全球更广阔的范围里，除了传统的东南亚地区外，它还分布在澳大利亚、非洲马达加斯加、美国的蒙大拿州等地。它分布范围广，全球蕴藏量也比红珠宝多得多。这也许就是蓝珠宝的价格始终落后于红珠宝的根本原因。其次，从晶体的大小来看，蓝珠宝也通常具有比红珠宝大得多的晶体。前面我们已经谈到，红珠宝尤其是优质的红珠宝，其晶体很少有5克拉～6克拉及以上的，多为1克拉～2克拉。蓝珠宝则不同，其晶体重几十克拉，甚至上百克拉也时有所见。世界上已知最大的蓝珠宝，发现于斯里兰卡，重达19千克（95000克拉）；另外在非洲的马达加斯加也曾发现一块重达90000克拉的蓝珠宝原石。更有趣的是，20世纪80年代中期，一个美国商人在亚利桑那州的民间集市上，用10美元购得一块土豆般大的石头，后经鉴定，竟是一块重1905克拉的蓝珠宝，估价为228万美元。再者，比起红珠宝来，蓝珠宝也常具有相对较好的净度，其琢型珠宝的裂纹、包体均相对较少。不过，蓝珠宝却常可见有深浅、宽窄不尽相同的色带。

3 | 红珠宝的主要特性

古时候，在印度和缅甸，人们曾经认为，红珠宝本是一种特殊的白色石子，随着时间的推移，它们会吸收日月之精华，最终点燃了蕴藏在石子内部的烈火，从而变成了红彤彤的珠宝。如果时间不够而被人们提前开采出来，它们就不会具有鲜红的颜色，而是呈暗淡的或微红的颜色。

文艺复兴以后，随着化学知识的积累，人们了解到，红珠宝原来是一种氧化铝矿物。它的矿物名称是刚玉，基本化学成分是三氧化二铝（Al_2O_3）。成分较纯的刚玉是无色或白色的，但自然界产出的刚玉总是或多或少地含有这样那样的杂质，其中比较常见的有铬、铁、钛、锰、镍、钒等。正是这些杂质元素的存在使刚玉具有不同的颜色。红珠宝就是一种含铬的刚玉变种，其三氧化二铬的含量一般为0.2%～3%，个别也有达到4%的。由于铬含量的差异，也由于同时可能存在的一些其他杂质元素，使得红珠宝的红色会有深浅，或有偏紫，偏褐等色调上的变化，如鲜红、血红、紫红、暗红、玫瑰红、橙红、粉红、浅玫瑰红等。其中以像鲜血一般艳红的“鸽血红”为最佳品种。

红珠宝不仅色彩艳丽，而且还具有许多优良的品质。首先，它具有较高的折射率，为1.76～1.77，因此，它呈现出强的玻璃光泽；它的摩氏硬度高达9，虽然比不上钻石，但在天然矿物中也可以说是难以找到其他对手。红珠宝还具有十分稳定的化学性质，强酸强碱都无损其毫发。它也能耐受高温，熔点在1800℃以上。

△ **铂金红珠宝戒指**

重14.3克

△ **红珠宝戒指**

直径17.5毫米，重18.8克

△ **红珠宝戒指**

重5.394克

△ **红珠宝戒指**

重5.7克

△ **红珠宝戒指**

直径17毫米，重11.6克

△ **星光红珠宝戒指**

直径21.7毫米，重12.2克

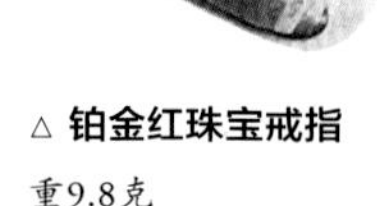

△ **铂金红珠宝戒指**

重9.8克

△ **铂金红珠宝戒指**

重10.1克

在自然界，红珠宝的产量十分稀少，尤其是品质优良的红珠宝更加稀少。已知色彩最佳的鸽血红红珠宝，几乎只见于缅甸的抹谷矿区，而且由于历年的采掘，现在已经很难再觅其踪影。虽然从来自各方的报道，在已发现的红珠宝原石中，最大的重达21450克拉（体积约为18厘米×12厘米×10厘米），但这些大块红珠宝大多品质较差，红色偏淡。而真正优质的高档红珠宝却大多颗粒较小，原石重常在1克拉左右，超过2克拉的很少，大于5克拉的更是极其罕见。

红珠宝在晶系归属上属于三方晶系，但它的晶体常呈似六方的柱状或腰鼓状。由于常发育有平行底面和斜切柱面的所谓裂理，故也常破碎成似六方的板状。

红珠宝由于隶属三方晶系，所以具有二色性。其中，由于晶体结构上的原因，当从垂直柱体的长轴方向（晶体光学中称为光轴方向）观察时，则看不到二色性。所以，为了保证磨制的珠宝色泽纯正，不受二色性的影响产生偏色，要求被切磨的红珠宝其台面应垂直于光轴方向。

红珠宝还常见有所谓的“聚片双晶”。聚片双晶就是众多的同种矿物的片状晶体有规律地连生在一起。因此，具有聚片双晶的红珠宝可以观察到像百叶窗般的构造。

二 天然红珠宝、蓝珠宝的分级和分类

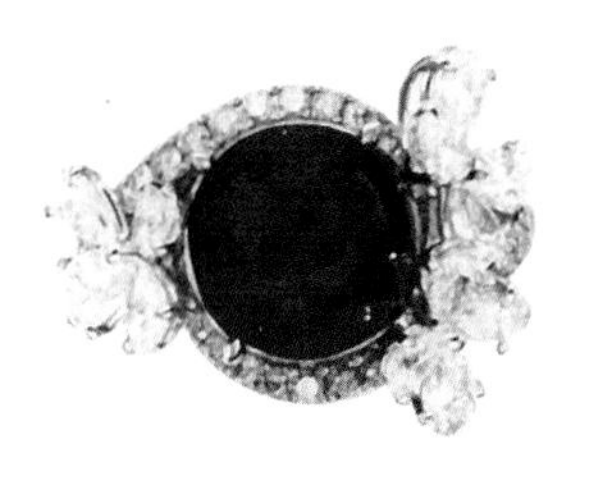

△ **天然鸽血红红珠宝配钻石戒指**

黄金与铂金镶嵌6.74克拉天然红珠宝蛋面，亮丽通透，四周配以钻石点缀的藤叶点缀，娇艳欲滴，唯美至极。

对天然红珠宝与蓝珠宝的质量评价主要有以下几个标准：颜色、重量、透明度和洁净度。

上述有关红珠宝、蓝珠宝的商业品级，在实际的珠宝贸易中及珠宝质量评价中有时用起来不太方便，甚至有时会引起混乱。因此，各国又依据珠宝的评价因素对红珠宝、蓝珠宝做了进一步的分级和分类。

缅甸根据红珠宝、蓝珠宝的颜色、透明度、包裹体含量、裂隙发育程度将红珠宝、蓝珠宝分成4类12级。

实际上，D类红珠宝已接近属于粉红色蓝珠宝的颜色了。

◁ **天然鸽血红红珠宝配钻石戒指**

铂金镶嵌7克拉缅甸Mongok天然鸽血红红珠宝，未经热处理，两侧配镶梨形钻石。主石颜色浓烈，明亮纯净，犹如熊熊燃烧的火焰，蕴含勃勃的生命力。

▷ **天然鸽血红红珠宝配钻石戒指**

18K铂金镶嵌5.32克拉梨形天然红珠宝，艳红如焰，配以钻石花叶相伴在旁，娇艳美态尽收眼底。

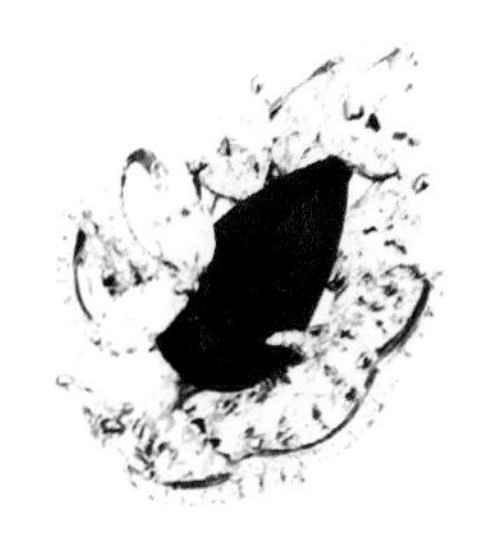

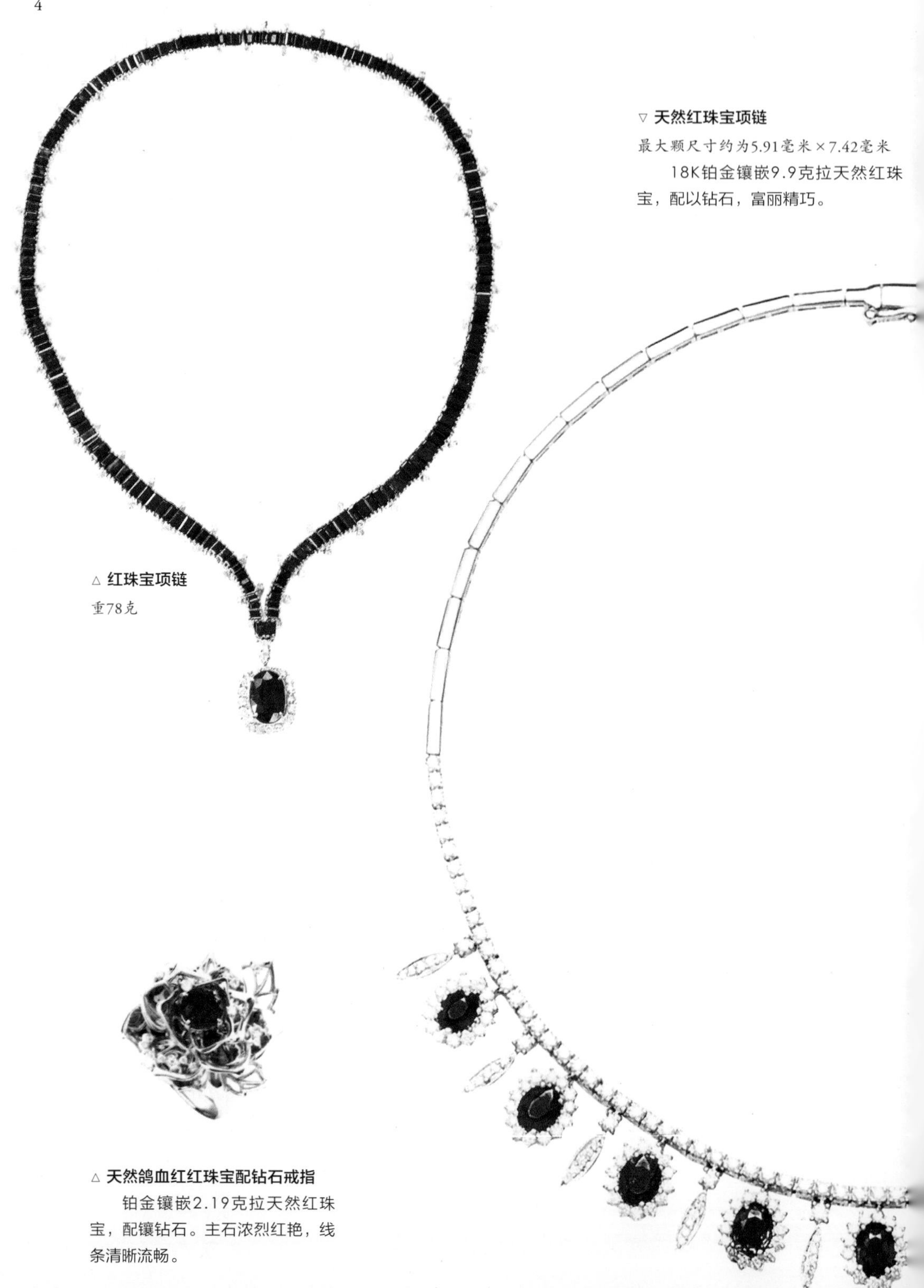

▽ **天然红珠宝项链**

最大颗尺寸约为5.91毫米×7.42毫米

18K铂金镶嵌9.9克拉天然红珠宝，配以钻石，富丽精巧。

△ **红珠宝项链**

重78克

△ **天然鸽血红红珠宝配钻石戒指**

铂金镶嵌2.19克拉天然红珠宝，配镶钻石。主石浓烈红艳，线条清晰流畅。

一般来讲，颜色纯正、颗粒大、透明、无或极少包裹体与瑕疵、无或极少裂纹、加工精细、各部分比例匀称的刻面红珠宝应属上等。红珠宝的颜色以A类最佳（鸽血红色），其次是B类（鸽血玫瑰红色），再次是C类（玫瑰红色），最后是D类（浅玫瑰红色）。从A类到D类只是一般性的划分，还应根据各主要产地所产红珠宝的特点仔细比较。例如，缅甸“鸽血红”红珠宝在日光下显荧光效应，因此其各刻面均呈鲜艳红色，熠熠生辉；泰国产红珠宝在日光下不具荧光效应，因而只是在光线直射的刻面呈鲜红色，其他刻面则发黑；斯里兰卡产红珠宝色虽浅，但其颗粒一般较大，颜色鲜艳动人。

△ **天然鸽血红红珠宝戒指**

约6.8克拉枕形，配以钻石、翠榴石及蓝珠宝，镶铂金及18K黄金。

◁ **红珠宝钻石戒指**

18K铂金镶一颗红珠宝重2.26克拉，珠宝内部洁净，颜色鲜艳，周围配镶6粒梨形钻石和6粒圆形钻石，分别共重0.56克拉和0.4克拉，32粒圆形钻石共重0.26克拉。

◁ **缅甸天然红珠宝项链**

项链长度410毫米

配以小钻，镶铂金。

△ **缅甸天然红珠宝项链**

项链长度430毫米

镶18K黄金，210颗红珠宝共重114.49克拉。

◁ **缅甸天然红珠宝项链**

63颗红珠宝共重约56.42克拉，项链长420毫米

配以钻石，镶18K铂金及黄金。

对于蓝珠宝，一般说来，A类的代表是“克什米尔”蓝珠宝（矢车菊蓝色者）；B类则以缅甸抹谷产深蓝色优质蓝珠宝为代表；柬埔寨、斯里兰卡产优质蓝珠宝相当于C+，一般品种约与C、C-符合；泰国产深蓝色优质蓝珠宝可达B或C类，少数为A类。美国蒙大拿州与澳大利亚产的蓝珠宝，多数品级较低，约相当于C、D类。但这只是粗略划分，还应具体视珠宝的实际质量而定。

△ **铂金蓝珠宝戒指**

重7.89克

以上关于A、B、C、D4种类型的红、蓝珠宝划分在国际珠宝市场上还是用得比较多的，因而也是较具有代表性的种类。那么，消费者不禁要问，这4种类型中哪一种是最名贵的?我应该买哪一种好呢?要回答这一问题并不容易。

首先，由于文化背景、风俗习惯不同，世界各国消费者对于珠宝的选择是各有特色的。

其次，在珠宝交易中，购买者的意愿、习惯、爱好、审美观点、购买目的（自己佩戴、转手贸易、保值、收藏、馈赠亲朋好友）等都会影响珠宝的价值（或价格）。各种红、蓝珠宝各有千秋，就看您独爱哪一种。正如一句俗语所说：只要买货者喜欢，愿意出多少就值多少。

△ **铂金蓝珠宝戒指**

重13.94克

△ **铂金蓝珠宝戒指**

重7.5克

△ **铂金海蓝珠宝戒指**
重25.43克

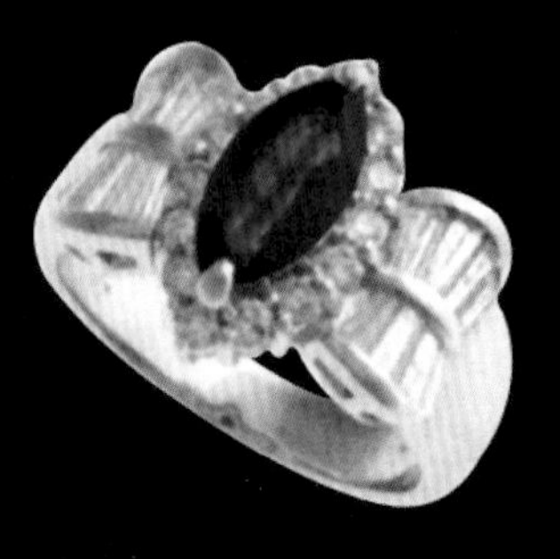

△ **铂金蓝珠宝戒指**
重7.7克

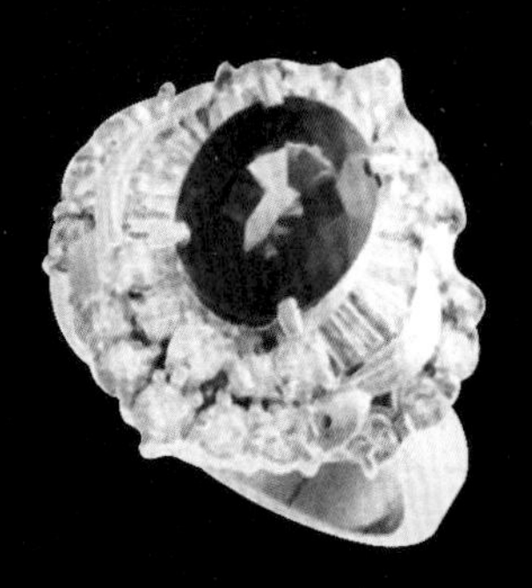

△ **铂金蓝珠宝戒指**
重14.2克

△ **铂金蓝珠宝戒指**
重9.2克

△ 红珠宝钻戒
重8.15克

三
红珠宝、蓝珠宝的鉴别

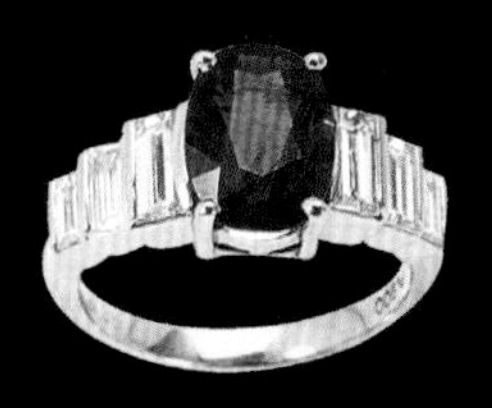

△ 红珠宝钻戒
重7.2克

目前，珠宝的人工合成和人工改性技术飞速发展，各种方法合成的或处理过的红、蓝珠宝已经达到以假乱真的地步。各种代用品的使用以及合成珠宝材料的生产，使得本来就充满神秘色彩的珠宝市场变得更加扑朔迷离，使珠宝商贸人员深感困惑，而消费者更是不知所措。所以想购买红、蓝珠宝的消费者，若能掌握一些有关珠宝真伪鉴别方面的知识，甚至可以进一步借助放大镜等简单仪器对珠宝做初步鉴定，则在一般情况下不太容易被假货、次货所蒙蔽，以免自己蒙受经济损失。

△ 铂金红珠宝戒指
重6.2克

近来，许多精明的经营者将出售的珠宝（尤其是高中档珠宝）附以“珠宝鉴定证书”，以使顾客放心，这本来是件好事。然而，既然珠宝可以假冒，那么“珠宝鉴定证书”当然也可以伪造和做假。况且对一大堆商品，只拿一两张“珠宝鉴定证书”以掩人耳目、欺骗消费者的不法商人也不是没有。所以顾客应该到正规的、信誉比较好的、对每一件珠宝首饰都配有“珠宝鉴定证书”的珠宝店或商店去购买。此外，消费者要学会保护自己，只要稍许懂一些有关珠宝及珠宝鉴定方面的知识，即可明辨是非。下面就介绍一些有关红珠宝、蓝珠宝鉴定方面的知识。

△ 18K铂金红珠宝戒指
重14.98克

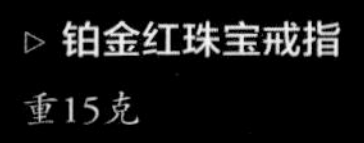

▷ 铂金红珠宝戒指
重15克

△ **铂金星光红珠宝戒指**

重10.6克

△ **18K金红珠宝戒指**

重6.3克

△ **天然红珠宝配钻石戒指**

铂金镶嵌1.2克拉天然方形红珠宝及1克拉钻石，指环密镶长方形钻石，重叠的交叉式设计，红珠宝与钻石交相辉映，更显其娇艳可人的色调。印有卡地亚品牌印记。

1 | 真假红珠宝

前面已经提到，古代时人们识别珠宝的水平不高，把凡是红色的珠宝都叫作红珠宝。现代研究表明，其中有很多是红色尖晶石。关于红色尖晶石还有一段传奇故事。关于它的发现已无法考证，只知道第一次提到它的时间是1367年，说它是格拉纳德王的财富，后被卡斯蒂王堂·皮德罗夺去。在一次重大战争中，堂·皮德罗受到英王爱德华三世的儿子黑王子的重要帮助，便将此珠宝送给黑王子，因此被称作“黑王子红珠宝”。后来英王亨利五世将此珠宝镶在头盔上，在英法的一次战争中，他受到了法国奥伦康公爵的致命打击，但幸运得很，就是由于“黑王子红珠宝”的遮护，才使亨利五世免遭灾难，令人惊奇的是这颗珠宝竟然完好无损。后来，“黑王子红珠宝”就被镶在英国的王冠上。

△ **红珠宝及钻石丝巾形项链**

18K黄金项链，丝巾造型，简约大方，金丝编织工艺，细腻精湛，配镶钻石、红珠宝，精美异常。

△ **天然鸽血红红珠宝配钻石项链**

项链长约420毫米

铂金镶嵌总重72克拉的椭圆形缅甸鸽血红红珠宝，娇艳似火，配以钻石，奢华无限。

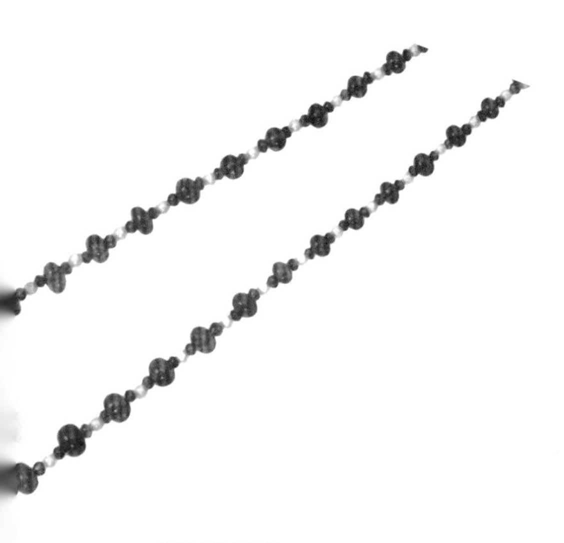

△ **红珠宝珍珠链**

项链长度488毫米

配以钻石及珍珠，镶18K黄金。

在古代，由于人们分辨不清红色珠宝的品种，“黑王子珠宝”一直被叫作红珠宝，已经叫了好几百年了。直到现代用各种科学方法鉴定后，才肯定它不是刚玉质的红珠宝，而是一颗巨大的红色尖晶石。但对于“黑王子红珠宝”来讲，由于它那著名的历史及长期镶在英国的王冠上，早已成为珍贵的文物了。

在我国清朝时，官员品级的高低是用帽子顶上的“顶子”来表示的。凡是皇族封爵（如亲王、郡王、贝子、贝勒等）和一品大臣，帽子上都用红珠宝顶子。但从留存到现代的大量红珠宝顶子看，几乎全是用红色尖晶石制成的，并没有真正的红珠宝制品。

在世界上众多品种的红色珠宝中，除了红色尖晶石之外，还有不少在外观上与红珠宝相似，因此，很容易发生混淆。同时，由于红珠宝是世界上最珍贵的四大珠宝之一，也是众多红色珠宝中价格最昂贵的品种，因此，用廉价的红色珠宝冒充红珠宝的事古今中外都经常发生。所以，消费者有必要迅速而准确地区别真假红珠宝。

△ **红珠宝、蓝珠宝及钻石项链**
项链长度378毫米
镶18K铂金级黄金。

有可能用来冒充红珠宝的廉价红色珠宝有哪些?它们与真的红珠宝有何区别呢?

(1) 硬度

红珠宝硬度较高，达到硬度9，其代用品的硬度都比较低，因此，可以用刻划硬度的方法来区别，所用的工具为标准硬度计。

众所周知，钻石是世界上最硬的东西，它的硬度是摩氏硬度10，用钻石可以划刻任何物质。根据物质相互划刻的关系，人们制造出了一种“标准硬度计”，

△ **天然红珠宝配钻石项链**

项链长约520毫米

铂金镶嵌28颗总重25.82克拉，枕形椭圆形，未经加热的缅甸天然鸽血红红珠宝，娇艳怡人，绚烂悦目，配以璀璨的钻石温柔包裹，美艳奢华，惊艳四方。

△ **红珠宝铂金镶钻吊坠项链**

项链长度约430毫米，总重6.5克

2.05克拉红珠宝，未经热处理，钻石0.73克拉，PT900铂金。

◁ **红珠宝、钻石级黑玛瑙吊坠项链**
项链长度569毫米
镶铂金。

它是一个大小为65毫米×55毫米×23毫米的方盒，里面镶有4个标准硬度片，它们都经过精密研磨，表面光洁如镜。4片标准硬度片的摩氏硬度分别为6、7、8、9。将要测定的珠宝（已琢磨好的成品或未琢磨的原石皆可）找一尖棱部位，轻轻刻画硬度6的标准片，然后用放大镜观察，如果标准片毫无伤痕，表示珠宝的硬度低于6，不必再测。如果标准片表面有擦不掉的细线状伤痕，表示珠宝硬度高于6，应继续刻画硬度为7的标准片，如划不动表示珠宝硬度在6～7。如能划伤，则继续刻画硬度8的标准片。依次类推，可以将所有珠宝的硬度分成5类，即硬度低于6；硬度为6～7（包括7）；硬度为7～8（包括8）；硬度为8～9（包括9）；硬度高于9。

在鉴定真假红珠宝时，先将标准硬度片擦拭干净，后用待测红珠宝（原石或琢磨后的成品都可以）刻画硬度为8的标准片，如果刻画不动（珠宝在硬度标准片上有打滑的感觉），那就表明这颗“红珠宝”一定是假的。至于它是什么，尚需进一步鉴定。可以再用它来刻画硬度为6的标准片，如果仍旧刻画不动，那表明它的硬度低于6，由相关资料可知，硬度低于6的只有一种，即硬度为5.5～6的红色玻璃。如果待测红珠宝在硬度为8的标准片上，不费力就可以划出一条擦不掉的伤痕（可用放大镜观看），那就是一颗真正的红珠宝。

（2）二色性

红珠宝的二色性强烈（即很明显），与它相似的红色珠宝中，有4种是“无二色性”的。这样我们可以利用二色性来区分。

凡是无二色性的珠宝，肯定不是红珠宝。那么，什么是二色性呢？它用什么来观察？如何观察呢？

“二色性”是一种光学现象，即珠宝颜色的改变。有二色性的珠宝，从不同的方位观察它，它会呈现不同的颜色，不过，这种颜色的改变不太明显，仅用肉眼是看不出来的。观察二色性一般会使用一种仪器，名字叫作二色镜。这是一支长约50毫米，直径约十几毫米的圆柱形小金属管，管子一头是细小的方孔，另一头装有目镜。将眼睛贴紧目镜，小方孔对着亮处（如天空），可以看见管子内有两个长方形并列在一起的亮框。使用时，将珠宝用镊子夹牢，紧贴在二色镜的小方孔上，对着亮处观看，如果两个亮框的颜色“完全相同”，表示珠宝“无二色性”。如果两个并列的亮框“颜色不同”，表示珠宝“有二色性”，两个亮框的颜色差别越大，二色性就越强。例如，将红珠宝放在二色镜的小方孔前，可以发现两个亮框：一个为深红，另一个为黄红，差别很大，表示红珠宝有较强的二色性。

△ **红珠宝及钻石项链**

项链长度374毫米

镶铂金。

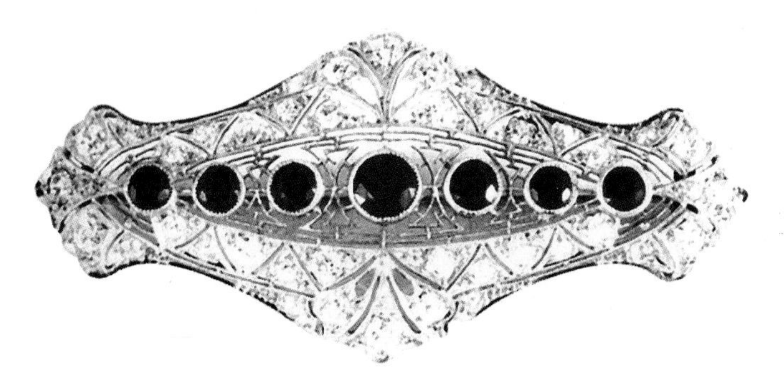

◁ **天然红珠宝配钻石胸针**

Art Deco风格铂金镶嵌天然红珠宝，配镶老式切割钻石，优雅灵动，复古华美，演绎出那份穿越时空的经典。

▷ **红珠宝钻石手链**

手链长度约178毫米

镶18K铂金。

△ **天然红珠宝、蓝珠宝、钻石戒指（三件套）**

黄金镶嵌天然红珠宝、蓝珠宝、钻石戒指，随意搭配的设计，新颖别致，传递活力与自信的气质。

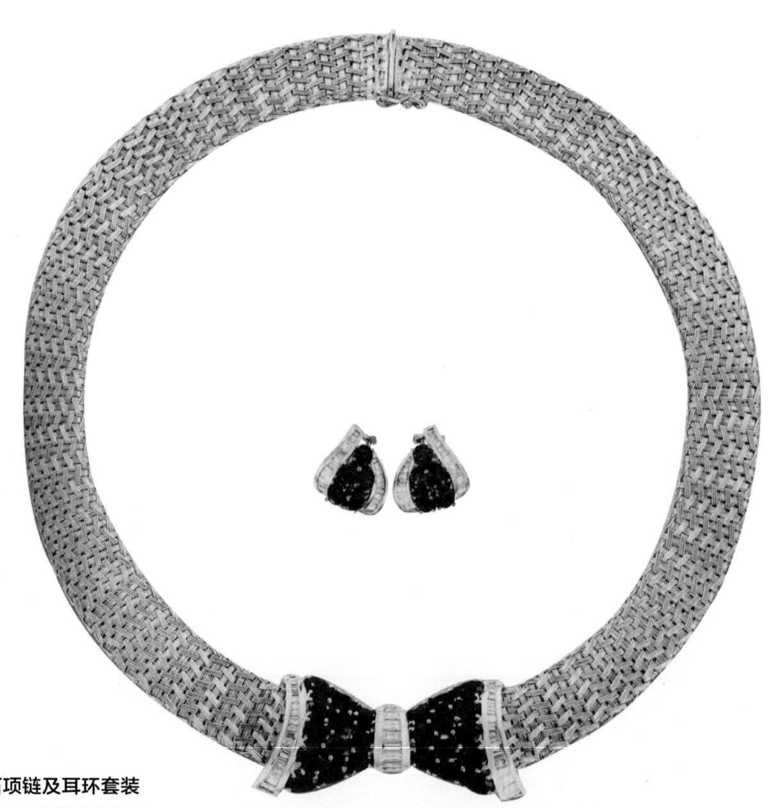

▷ **天然红珠宝配钻石项链及耳环套装**

18K黄金镶嵌25.45克拉天然红珠宝，娇艳红色，甜美蝴蝶结造型，搭配璀璨钻石，华贵富丽。

△ **天然红珠宝钻石（小象）胸针**

18K金镶嵌钻石、红珠宝小象胸针，独具匠心的设计结合卓越精湛的工艺，栩栩如生，惟妙惟肖。印有卡地亚品牌印记。

△ **隐蔽式镶嵌天然红珠宝配钻石（螃蟹）胸针**

18K黄金隐蔽式镶嵌天然红珠宝配钻石，精湛的工艺，增添无限极致柔美的触感。

实际观察时，可以转动珠宝或转动二色镜，这样可以使颜色的差异看得更清楚。在没有二色镜时，也可以用偏光镜来观察珠宝的二色性。例如，照相用的“偏光滤色镜”就很适合。将珠宝对着亮处，偏光镜放在眼睛前面，眼睛隔着偏光镜观看珠宝。缓缓地转动偏光镜，有二色性的珠宝，可以发现它的颜色有变化。当偏光镜转动90°后，颜色变化最大。例如红珠宝，在偏光镜转90°时，颜色会由深红变成黄红。

（3）折光率

用二色镜观察待测红珠宝时，如果珠宝无二色性，那肯定不是红珠宝；如果珠宝有二色性，由相关资料可知，有4种可能，即红珠宝、红色锆石、红色黄玉（托帕石）或红色电气石（碧玺）。为了进一步确定是否红珠宝，需测定它的折光率。珠宝的折光率须用专门的仪器来测定，这种仪器叫做“折光仪”或“折射仪”。在测出了珠宝的折光率后，根据它的数值可以查出珠宝的名称，或将珠宝名称限定在不大的范围内，再结合其他观察特征，也可以确定珠宝的名称。红珠宝的折光率为1.76～1.77，与其相似的锆石、黄玉及电气石的折光率差别都比较大，因此，只要测出珠宝的折光率，即可知道它们究竟是何种矿物。在测定珠宝折光率时应该注意这样一个问题，即由于折光仪的玻璃半球的折光率都低于1.8，故对于折光率达到或高于1.8的珠宝，折光仪就无法测定它的折光率，需要用其他方法测定

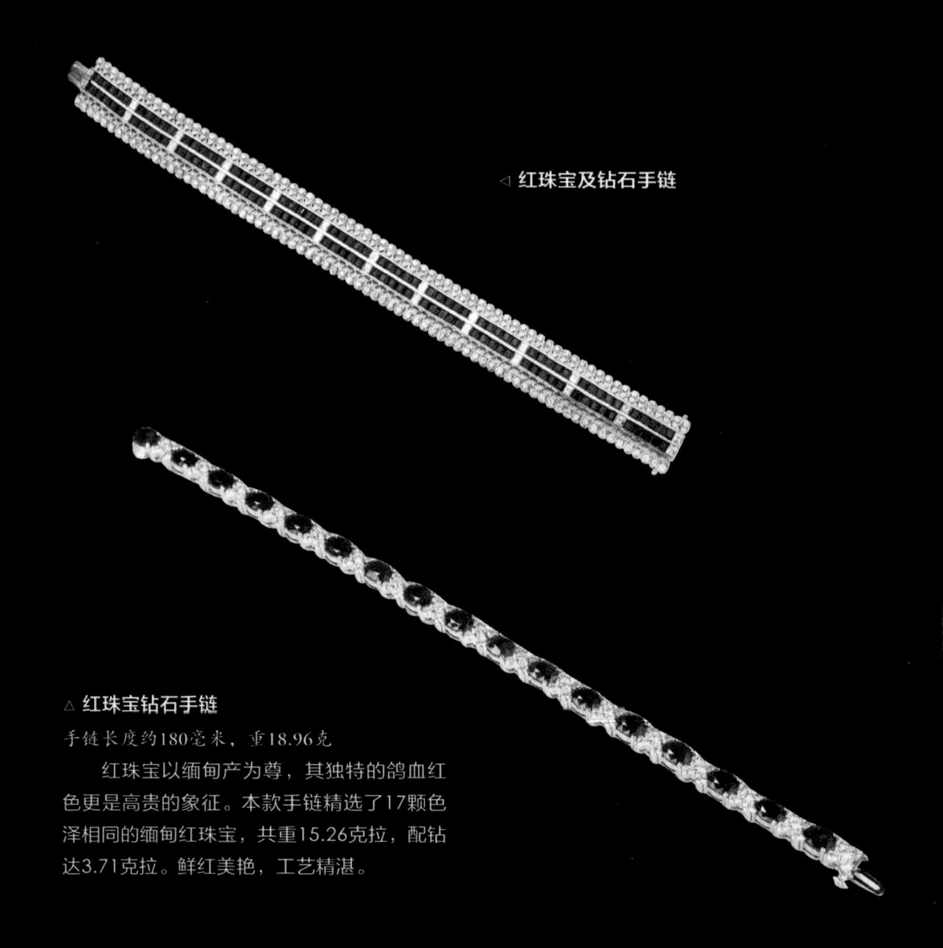

◁ 红珠宝及钻石手链

△ **红珠宝钻石手链**

手链长度约180毫米，重18.96克

红珠宝以缅甸产为尊，其独特的鸽血红色更是高贵的象征。本款手链精选了17颗色泽相同的缅甸红珠宝，共重15.26克拉，配钻达3.71克拉。鲜红美艳，工艺精湛。

（4）其他特征

折光仪价格昂贵，使用须经过一定的训练。其实，不用折光仪，仅用肉眼和放大镜，也可以区别红珠宝与锆石、黄玉及电气石。其中最易区别的是黄玉。自然界中，红色、粉色黄玉很少见，至多是较深的黄红（橙红）色黄玉，而红珠宝多数都具有正红色甚至带紫的红色。锆石和电气石的特点是它们的“双折射率”比红珠宝大得多，用放大镜从珠宝顶面观察，可以发现锆石或电气石底部的棱线有显著的双影，而红珠宝是不会有这种双影的。另外，天然纯红色、粉红色锆石罕见，多为白色、褐红色（加热处理可变成艳蓝色）。

最后要特别指出，用上面所说的方法确定一粒珠宝是红珠宝后，它是否珍贵，那还不一定，还要看它的颜色、重量、切工和洁净度。另外，红珠宝又有天然的（自然界中产出的）和人造的之分。人造红珠宝与天然红珠宝的物理性质没什么区别，可价格上却相差上百倍甚至更多。

△ **天然缅甸鸡血红红珠宝戒指**

主石尺寸约为10.34毫米×10.21毫米×6.53毫米

18K铂金镶嵌5.76克拉缅甸天然未经热处理鸽血红红珠宝，鲜红似火，配以钻石，奢华典雅。

△ **红珠宝钻石手链**

手链长度约170毫米

镶铂金，51颗椭圆形红珠宝共重60.4克拉。

△ **天然缅甸鸽血红红珠宝配镶钻石戒指**

18K铂金镶嵌4.02克拉天然无热处理红珠宝，妩媚明艳，配以高白度钻石，典雅别致。

（5）二层石或三层石

二层石或三层石属于黏合珠宝。黏合珠宝又称为“层珠宝”“组合珠宝”“夹心石”等，是由两种或几种珠宝的小片或代用材料黏合而成的。大多数情况下，所用的小片珠宝都是价格便宜的低档品或中档品，甚至用玻璃、塑料等代用品，但拼接黏合技术却很精细，常常使顾客看不出来。

二层石。冒充天然红珠宝的二层石有几种制法：用薄层无色的天然蓝珠宝作顶，下黏人造红珠宝；或用红色铁铝榴石、镁铝榴石等作顶，底部黏合与石榴石同色但更艳丽的玻璃。尖晶石也是红珠宝、蓝珠宝等高档珠宝的代用品，以各色合成尖晶石制成二层石，假冒这些珠宝。真二层石是指顶部与底部都由同一种天然珠宝组成，但往往底部珠宝质量很差，这样做的目的主要是为了增大珠宝重量以获暴利。

三层石。一般顶部用天然优质珠宝或合成珠宝，中部为有色黏合剂或有色玻璃，底部则用劣质珠宝或水晶等廉价珠宝。真三层石则是三层皆用同一珠宝。

黏合珠宝是一种作伪的珠宝，由于其制作技术越来越精湛，方法也越来越巧妙，用料的仿真程度越来越高，所以顾客在购买珠宝时应格外留心，切勿将黏合珠宝当成天然单晶珠宝来购买。

△ **天然缅甸红珠宝戒指**

主石尺寸约为16.08毫米×10.5毫米×6.71毫米

18K铂金镶嵌10.39克拉红珠宝戒指，娇艳动人，配以多层马眼型钻石，极具气质。

◁ **天然红珠宝配钻石戒指**

主石尺寸约为9.64毫米×8.04毫米

18K铂金镶嵌3.6克拉红珠宝戒指，配石为6颗大粒马眼型钻石以及多颗圆钻。主石颜色浓郁，红艳似火，配石璀璨夺目，款式传统经典，高贵非凡，别致奢靡。

2 | 真假蓝珠宝

世界上与蓝珠宝相似的蓝色珠宝很多，容易发生混淆。由于蓝珠宝是众多的蓝色珠宝中价格最昂贵的品种，因此用廉价的蓝色珠宝冒充蓝珠宝也时有发生，所以有必要迅速而又准确地区别真假蓝珠宝。

（1）硬度

蓝珠宝的硬度很高，其他可能与之混淆的珠宝硬度都比它低，因此，可以利用刻画硬度的方法来区别。刻画时仍使用“标准硬度计”，具体过程与区分红珠宝完全相同。

（2）二色性

蓝珠宝与红珠宝相似，具有明显的二色性。当使用二色镜观察蓝珠宝时，可以发现两个亮框：一个深蓝色，一个蓝绿（或浅绿）色，差别比较明显。因为没有二色性的一定不是蓝珠宝，有二色性的则还需借助其他方法区别。

（3）折光率

与蓝珠宝相似，又都有二色性的珠宝有蓝色锆石、蓝色黝帘石（坦桑尼亚石）、蓝色黄玉（托帕石）、蓝色电气石（碧玺）和海蓝珠宝5种，为了区分它们与蓝珠宝，可用折射仪测定它们的折光率，或用其他特征区别。

△ **天然皇家蓝蓝珠宝戒指**

18K铂金镶嵌4.89克拉天然椭圆形切割皇家蓝蓝珠宝，配1.18克拉钻石戒指，设计新颖，配以心形切割钻石，复古可爱。

△ **18K金蓝珠宝戒指**

重4.9克

△ **18K金蓝珠宝戒指**

重13.21克

◁ **14K黄金镶蓝色、黄色蓝珠宝戒指**

蓝色主石尺寸约为9.95毫米×7.49毫米，黄色主石尺寸约为9.46毫米×7.59毫米

14K黄金镶嵌黄色、蓝色黄玉带钻戒指，黄玉纯净怡人，造型典雅华丽。

△ **蓝珠宝钻戒**

重14.04克

（4）其他特征

除上述区别方法外，还可以从其他方面，如密度、双折射率等来区分蓝珠宝及其代用品。如可先用二碘甲烷（相对密度3.32克／立方厘米）浸泡，若上浮，则为电气石（碧玺）、海蓝珠宝、蓝玻璃等密度较小的珠宝；若悬浮或沉入二碘甲烷中，则可能为黝帘石、尖晶石、锆石、黄玉、蓝珠宝等。以偏光镜检查，若为均质体，则可能是尖晶石或玻璃。蓝色玻璃与蓝珠宝的区别较多，除了玻璃的许多一般特性外，蓝色玻璃的蓝色，大多是在熔炼玻璃时加入了少量的钴所引起的，当用切尔西滤色镜观察时，蓝玻璃会变成暗红色，而蓝珠宝的蓝色是因含有少量铁和钛引起的，用切尔西滤色镜观察时呈现暗灰绿色。

此外，与蓝珠宝相似的蓝色锆石和蓝色电气石的“双折射率”比蓝珠宝大得多，用放大镜从琢磨好的刻面珠宝的顶面观察，可以发现锆石或电气石底部的棱线有明显的双影，而蓝珠宝则不会有双影。与红珠宝一样，蓝珠宝也有天然的和人造的（人工合成的）之分。

（5）二层石

冒充蓝珠宝的二层石，其顶面可能为天然蓝珠宝、人造蓝珠宝或蓝色的石榴石，它的下层一般都是蓝色玻璃。由于反射的蓝色光成分不同，用切尔西滤色镜观察极易区别，这是因为组成上层的物质在切尔西滤色镜下为暗灰绿色，而蓝玻璃为暗红色，故二层石的上下两层可明显地看出。

3 人造红珠宝、蓝珠宝及其鉴定

（1）人造红珠宝和蓝珠宝

珠宝原来都是天然矿物，由于储量有限，且质优，因而其价格昂贵，加之工业用某些珠宝原料量增长极快，这种情况必然促使人们采用现代科学方法来合成珠宝。从20世纪末至今，几乎所有的珍贵珠宝都有了用人工方法合成的产品，并把它们通称为“人造珠宝”或“合成珠宝”。

最早研制并且在市场上出售的人造珠宝是人造红珠宝。从20世纪中叶起，就有人研究人工制造红珠宝的方法，经过几十年无数人的试验，用各种方法制出了一些红珠宝，但由于不能用于大批生产，因而也就不能成为商品出售。直到1902年，法国科学家维尔纳叶（Verneuil）以焰熔法制造红珠宝获得成功，可以批量生产，供应市场。后来用焰熔法又合成了尖晶石、金红石及钛酸锶（钛锶石），此3种珠宝皆可作为金刚石的代用品。

用焰熔法（又叫维尔纳叶法）制造刚玉类珠宝，所用原料为纯净的Al_2O_3（三氧化二铝）粉末，在制造红珠宝时，加入6%的Cr_2O_3（三氧化二铬）；制造蓝珠宝时，则加入Fe和Ti的氧化物。其方法是用氢、氧吹管取得高温火焰，使原料熔化，熔化的Al_2O_3液滴滴在下面的基座上，这种液滴逐渐冷凝结晶长大，成为一个类似于倒梨形或胡萝卜形的人造刚玉晶体。

△ 星光红珠宝及钻石戒指

现在，合成刚玉的方法有好几种，有晶体提拉法、焰熔法、水热法、助熔剂法等，其产品——人造红珠宝、人造蓝珠宝、人造其他颜色蓝珠宝，质量优良，尤其是水热法与助熔剂法，它们的制造条件最接近于自然界的生长条件。因此，用这些方法生产的各种珠宝晶体，其外部特征甚至所含包裹体都与天然珠宝晶体极为相似，几乎可以以假乱真。

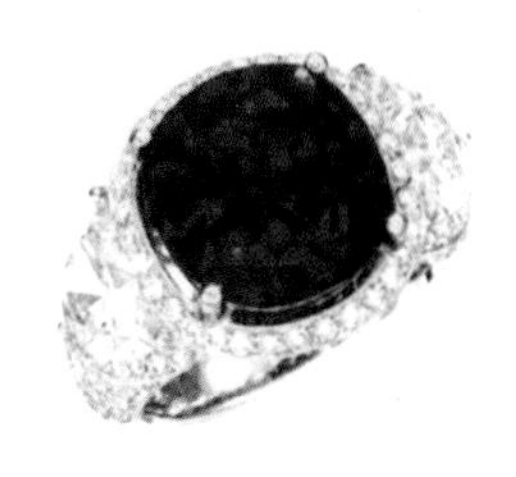

△ 天然未经处理的红珠宝钻石戒指

人造红珠宝和蓝珠宝不仅用作珠宝，它还有许多其他用途。因为它的化学性质稳定，硬度高耐磨损，故用作钟表和各种仪表的轴承。手表所谓的多少钻，就指的是人造红珠宝。近年来生产了一些号称“永不磨损型”的高级手表，例如瑞士雷达表的某些型号，它的表壳是用钨钛合金粉末烧结后，再用钻石粉抛光而成，硬度超过摩氏硬度9。为与这样坚硬耐磨的表壳相配，表盘玻璃采用所谓的“珠宝玻璃”，这就是硬度为9的人造无色透明蓝珠宝。由于表壳表蒙子都不会磨毛，故可以长久地保持光亮。

（2）如何区别天然的与人造的红珠宝和蓝珠宝

人造红珠宝和蓝珠宝因为能够大量生产，价格只是类似质量的天然产品的百分之一，甚至几百分之一，因此，鉴别天然的与合成的红珠宝、蓝珠宝已是今天珠宝鉴定、加工与商贸的极重要任务。作为消费者，了解一些有关天然的与合成的红珠宝和蓝珠宝的区别也是十分有必要的。

△ 红珠宝钻石戒指

重4.84克

红珠宝1.11克拉，钻石0.31克拉，PT900铂金，日本工艺。此款红珠宝戒指采用水滴形红珠宝，配上水滴形钻石，尽显女性柔情似水。

无论是天然红珠宝和蓝珠宝，还是人造红珠宝和蓝珠宝，它们都是矿物——刚玉。它们的物理性质、化学成分是完全相同的，一般常用的硬度、折光率、二色性、密度等区分方法也变得无济于事，这就需要从以下其他一些特征来进行区别。

①A形态

未经过加工琢磨的天然红珠宝和蓝珠宝，它们常具有六边形桶状或柱状晶形，晶形通常不像图上画得那样完美，但即使是碎块，也常能看出它的部分晶面。而用维尔纳叶法合成的红珠宝和蓝珠宝，由于是在高温的火焰中熔化后急速冷凝而成，因此外观上好像一个倒置的梨或一根短粗的胡萝卜，没有清楚的晶面和晶棱。近年来出现的水热法、助熔剂法合成的红、蓝珠宝，其产品可能有一些晶面，但晶形大多不佳。如果晶形良好，则需靠其他特征区别。

△ **红珠宝钻石项链**

项链长度约452毫米

镶铂金，30颗椭圆形红珠宝共重27.19克拉，钻石共重约16.2克拉。

△ **1.23克拉红珠宝钻石戒指**

重8.47克

红珠宝为1.23克拉，钻石为0.47克拉，18K黄金。意大利工艺。本款红珠宝色泽艳丽，配钻晶莹透彻。黄金、白钻与红珠宝构成三色对比，属永不失宠的款式。

△ **红珠宝钻石戒指**

重9.67克

红珠宝2.311克拉，钻石1.40克拉，18K铂金，日本工艺。此款红珠宝戒指是2013年日本特定销售的最新款式，采用大粒天然红珠宝，成色极佳，通透度好，无杂质。

△ **红珠宝钻石戒指**

镶18K铂金，两颗椭圆形钻石分别为3.18克拉H色VVS1及3.11克拉，色VVS1。

△ **红珠宝钻石戒指**

重5.88克

红珠宝2.7克拉，钻石0.7克拉，18K黄金。

◁ **红珠宝钻石戒指**

重9.72克

本款1.71克拉的红珠宝质地纯洁，火焰明丽，配钻达1.41克拉，璀璨华贵。在珠宝价格飞涨的今天，十分物有所值。

②B包裹体

无论是天然的还是人造的红珠宝和蓝珠宝，都无法纯清如水，都会含有大量的细小包裹体。而天然品和人造品所含的包裹体是不同的。

天然的红、蓝珠宝在结晶过程中，其周围必定有一些其他天然矿物的晶体，如锆石、金红石、尖晶石、云母、赤铁矿、磷灰石等。在对着光线观察天然红、蓝珠宝时，您会发现它的表面有时有着许多丝状物，用高倍放大镜或显微镜放大20倍以上观察，可以看出丝状物是许多按一定方向排列的细小针状金红石晶体，它们彼此以60° 相交。

天然红珠宝和蓝珠宝中的包裹体除了固态包体——小矿物晶体外，还可以是气——液态包裹体。大量的小液滴大致处于同一平面上，它们包在珠宝中形成羽状或指纹状花纹。这种羽状或指纹状包裹体是天然红珠宝和蓝珠宝的特征。

▷ **天然蓝珠宝配钻石两用式项链**

44.08克拉枕形明亮式切割天然蓝珠宝，硕大惊艳自然天成，幽幽蓝色摄人心魄，两用设计链坠可拆卸为胸针，配以18K铂金镶嵌高质量钻石，皇室首饰造型，雍容华贵，可谓至美臻品。

△ **天然蓝珠宝配钻石项链**

项链长395毫米

18K铂金镶嵌天然蓝珠宝项链，配以钻石，仿装饰风格，熠熠生辉。

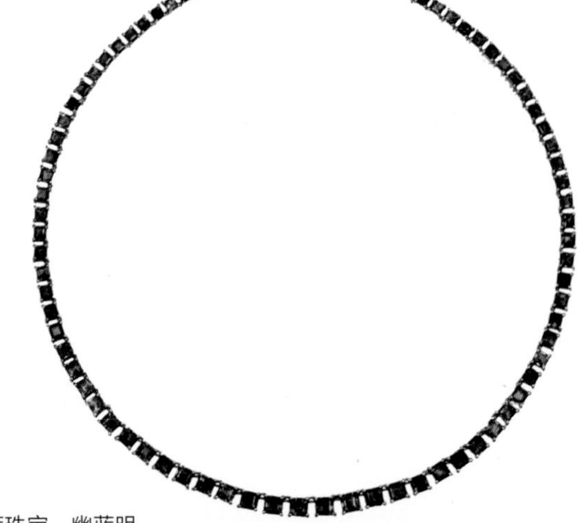

▷ **天然克什米尔蓝珠宝项链**

镶嵌32.84克拉天然克什米尔蓝珠宝，幽蓝明净，恬静雅致。

△ **缅甸天然蓝珠宝项链**

项链长度476毫米

镶18K黄金，35颗蓝珠宝约共重52克拉。

而在人造品中经常有大量的气泡存在，气泡多为圆形、椭圆形或拉长形，气泡多时常成串，气泡更多时则可能合并成奇形怪状的凝块状，或像一团尘埃状的颗粒。

③C结晶生长纹（线）或色带

珠宝在结晶生长过程中，同时不断地吸收四周的物质原料。由于每长大一圈时，所吸收的原料的浓度比例、颜色、所含杂质等，都有微小的变化，因此，就会在晶体上留下一圈一圈颜色或杂质略有差别的痕迹，这就是结晶生长纹。无论是天然的还是人造的红珠宝和蓝珠宝，经常都能见到结晶时形成的生长纹，这些纹有很大的不同，是识别天然品与人造品的重要依据。

天然的红、蓝珠宝在自然界生成，它们结晶速度非常缓慢，一个晶体的形成时间可达数万年甚至更长。因此，它们在结晶过程中补充到晶体上的物质有充分时间按照晶体的外形规则地排列，这样就会产生出与六边形晶形平行的“六边形生长线”。如果只看这个生长线的一部分，就会在珠宝中发现隐约可见的平行直线。凡是具有这种平直六边形生长线（或生长环带）的红、蓝珠宝，它们一定是天然产品。目前人造品尚无法制造出这种平行直线组成的六边形生长纹。

人造的红、蓝珠宝是在高温的熔炉中生成，结晶时间很短，经常只有几个小时，没有时间规则地排列，而是一层又一层地增添在弧形的珠宝表面上，并逐步形成了弯曲的“圆弧形生长线”。凡是具有这种圆弧形生长线或弧形色带的红、蓝珠宝，就一定是人造品。

△ **红珠宝钻石吊坠项链**

项链长度约400毫米，重8.1克

未经热处理的红珠宝2.158克拉，钻石0.72克拉，PT900铂金。未经加热优化的天然红珠宝非常稀少。本品清澈瑰丽，呈流行的粉红色。复古款式和铂金的使用，使热情活力与华贵沉稳得到完美平衡。

四 红珠宝、蓝珠宝的收藏与投资

1 | 红珠宝的消费市场现状

红珠宝自古以来一直是最珍贵的珠宝品种之一，深受世界各国皇室和达官贵人的喜爱。在世界各国的珠宝博物馆中，红珠宝都是必不可少的藏品。如英国伦敦的大英自然历史博物馆藏有一颗缅甸产的红珠宝晶体，重690克拉；美国华盛顿斯密逊博物馆藏有一颗斯里兰卡产的星光红珠宝，重137克拉等。在世界各地的珠宝店中，红珠宝更是不可或缺的主要商品。

不过，优质中高档红珠宝的消费市场，还是主要集中在美国、日本和欧洲这些发达国家和地区。和钻石一样，亚太地区的新兴国家和地区，新加坡、韩国、马来西亚以及我国的香港和台湾地区也成为近些年来红珠宝的重要消费市场。

红珠宝的价格，由于缺少像戴比尔斯和中央销售组织这样的机构，致使其具有较大的波动性，也缺少可比性。但总的来说，优质的大颗粒红珠宝具有较高的升幅，如1989年，在缅甸抹谷产地一颗重15.1克拉的鸽血红红珠宝，以100万美元的价格出售，平均克拉单价为6.62万美元。6年后，1995年一颗类似的重27.73克拉的缅

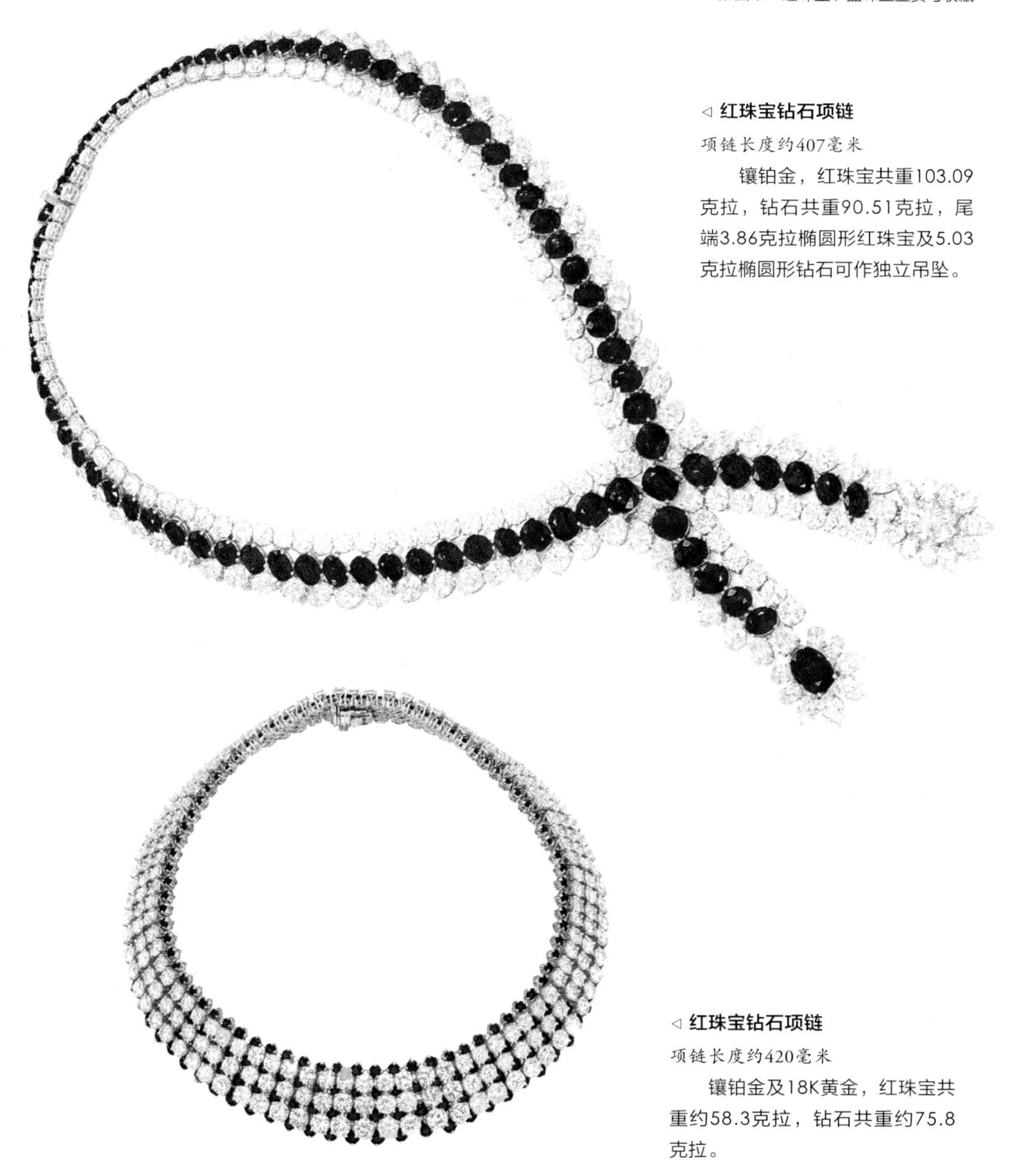

◁ **红珠宝钻石项链**

项链长度约407毫米

镶铂金，红珠宝共重103.09克拉，钻石共重90.51克拉，尾端3.86克拉椭圆形红珠宝及5.03克拉椭圆形钻石可作独立吊坠。

◁ **红珠宝钻石项链**

项链长度约420毫米

镶铂金及18K黄金，红珠宝共重约58.3克拉，钻石共重约75.8克拉。

甸红珠宝，以403.6万美元的价格成交，平均克拉单价增至14.55万美元。而中低档红珠宝，则由于孟素红珠宝、非洲红珠宝等相继发现，致使其价格没有明显的增长，有的甚至还有些回落。如20世纪80年代初，我国市场上一些小颗粒（0.5克拉左右）肉眼可见瑕疵的玫瑰红红珠宝，每克拉的价格为200元～500元人民币，但20世纪90年代后随着孟素红珠宝等大量涌入，价格甚至跌到不足百元。

2 | 红珠宝的价值评估

红珠宝尤其是优质的红珠宝，产量是十分稀少的。这使它们常常具有很高的价格，有的每克拉的平均价甚至超过钻石。

人们认为影响红珠宝品质的因素，不外乎也是颜色、净度、大小和切工，还有透明度。但是，在如何划分红珠宝的品质等级方面，人们却至今没能获得统一的意见。

例如缅甸，把红珠宝划分为4级12类。

A级（细分为A+、A、A-3类），红珠宝呈鸽血红色、透明、无裂纹、少包体。

B级（细分为B+、B、B-3类），红珠宝的颜色界于鸽血红与玫瑰红之间，透明、少包体，无或少裂纹。

C级（细分为C+、C、C-3类），红珠宝呈玫瑰红色，透明、少包体，无或少裂纹。

D级（细分为D+、D、D-3类），红珠宝呈浅玫瑰红色，透明、少包体、少裂纹。

事实上，缅甸的这一分级方案就是一种颜色分级，然后在颜色的基础上，再考虑透明度、包体和裂纹的情况，分为3类，但却没有提出如何分类的方案，显然是比较粗糙的。

泰国是世界红、蓝珠宝的主要加工地和供应地。据《珠宝市场估价》的作者丘志力介绍，泰国世界珠宝贸易（中心）有限公司（WJTC）下设的“世界珠宝首饰测试实验室”，也曾提出一个红珠宝的分级方案。该方案按颜色及其特征分为5类，然后又根据其净度分成5级，根据切工再作进一步分级。

▷ **红珠宝钻石项链**

项链长度约438毫米

镶铂金，58颗红珠宝共重约80.83克拉，232颗钻石共重约66.9克拉。

3 | 红珠宝收藏投资

收藏投资红珠宝应注意以下几点。

首先，要了解3个层次的真伪问题。第一个层次是真红珠宝与貌似红珠宝的仿冒品之间的真伪问题，一般来说，这是比较容易识别的。第二个层次是天然红珠宝与合成红珠宝的识别问题。我们应该知道，合成红珠宝的技术远较钻石成熟，而且已有了几种不同的方法。这不仅使合成红珠宝流传很广，而且还使它极易鱼目混珠。因此，对于任何价值较高的红珠宝，在你决定付钱购入之前，应该请有关的鉴定部门做出详细的鉴定。第三个层次，要看该珠宝是真正的天然红珠宝，还是经过人工优化处理的天然红珠宝。若是后者，仅仅是热处理，那么是可以允许的，即可以把它当作真正的天然红珠宝来对待；若是其他处理，则其价格就会大打折扣。

△ **隐秘式镶嵌红珠宝胸针**
配以钻石，镶铂金，胸针长度55毫米

在辨明是真的天然红珠宝之后，判断其优劣，首先要注意的是颜色。颜色是影响红珠宝价格高低的第一因素。为了评定颜色的好坏，您要注意相关的外界条件。在强光下，红珠宝看上去较红、较艳丽，所以，应避免在珠宝店的强灯光照射下观察、评判红珠宝的颜色。若要购买的是未镶的散石，则要注意外包装的纸应是纯白的；若是用橙黄色的纸包装，在纸的映衬下，红珠宝的颜色看上去会明艳许多。

△ **红珠宝及钻石吊坠**
吊坠长度58毫米
镶18K黄金，吊坠可作胸针。

红珠宝是一种相对多瑕疵的珠宝，所以，有瑕疵的红珠宝也常被珠宝商用于较高档的首饰上。只要这些瑕疵不是位于冠部明显可见的部位，不影响其美观，就不会对其价值产生大的影响。

优质的红珠宝大多颗粒较小。大于2克拉的红珠宝一般都会有较高的价格；3克拉以上更是稀罕；5克拉以上将极其珍贵。所以一颗3克拉～5克拉优质红珠宝的价格，常可与同等大小的钻石相当，甚至超过钻石。但是1克拉以下的红珠宝，其价格则会迅速滑落。还要强调的

里指的是优质红珠宝的大小与价格的关系。若是品质不高的红珠宝，如色泽偏暗、偏紫、聚片双晶发育的红珠宝，时见有大个的晶体，有的甚至可达几百克拉乃至上千克拉，它们的价格与大小的关系，就不会遵循上述的比例关系。

红珠宝虽然硬度9，仅差最硬的钻石一级，但实际上它们两者的硬度差还是非常大的，红珠宝与摩氏硬度较低各级的硬度差则小得多。这种特性使红珠宝与硬物相接触时，仍有可能受到碰伤，使边棱留下缺口或擦痕。所以，收藏红珠宝仍需妥善安放，用绒布包裹，不让其与其他物品直接接触。

红珠宝化学性质稳定，所以，如果红珠宝首饰因佩戴时间久而有污垢，可用首饰光亮剂或稀释的洗洁精进行清洗。唯一要注意的是，不要让它接触硼酸。因为三氧化二铝对硼酸特别敏感，有可能受到腐蚀。

◁ **天然红珠宝配镶钻石可拆卸胸针**

胸针尺寸约为52.21毫米×23.9毫米

18K铂金镶嵌钻石、红珠宝可拆卸胸针，钻石熠熠闪烁，红宝明艳亮丽，造型典雅精致，可拆卸为两枚胸针。

▷ **红珠宝钻石耳钉**

耳钉高约15毫米

18K铂金各镶一颗椭圆形刻面红珠宝，共重2.93克拉，珠宝颜色鲜艳，内部洁净通透，周围配镶12粒梨形钻石0.77克拉和12粒圆形钻石0.48克拉。耳钉造型小巧，钻石与红珠宝交相辉映。

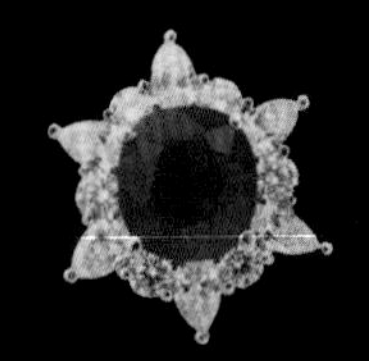

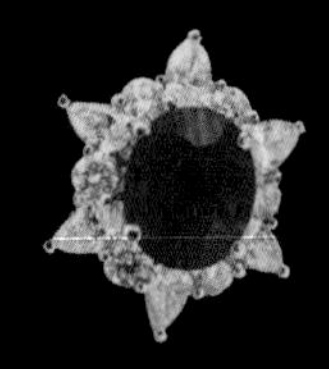

◁ **枕形缅甸天然鸽血红红珠宝耳坠**

耳钩型耳坠，长度44毫米

配以2.47及2.1克拉旧工切割E/VVS2-VS1钻石及小钻，镶铂金。

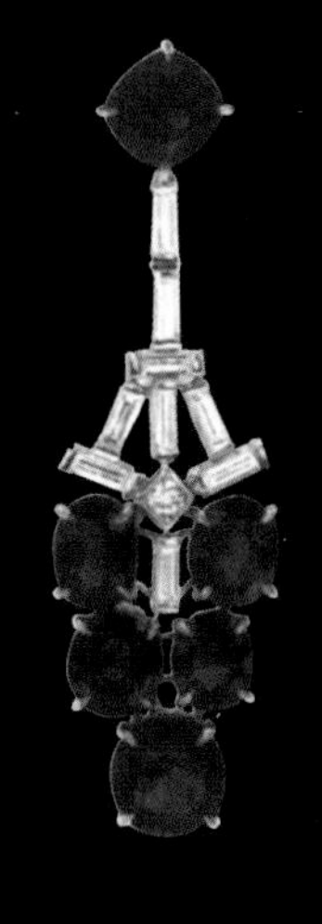
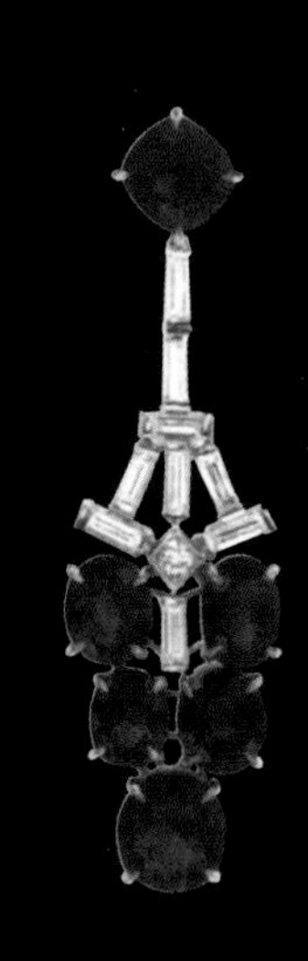

▷ **缅甸天然红珠宝耳坠**

耳针型耳坠，长度54毫米

配以小钻，镶18K铂金及黄金，12颗红珠宝共重22.38克拉。

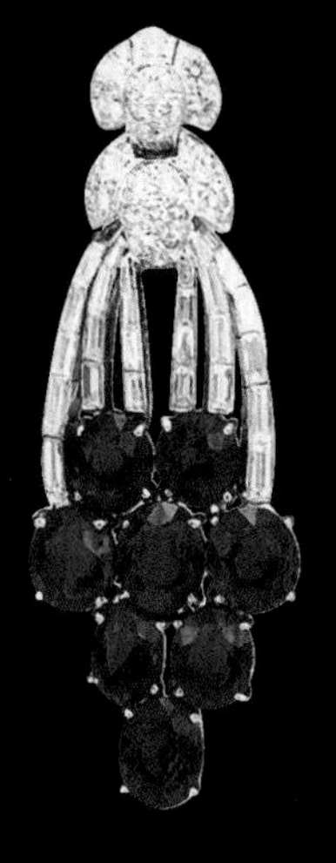
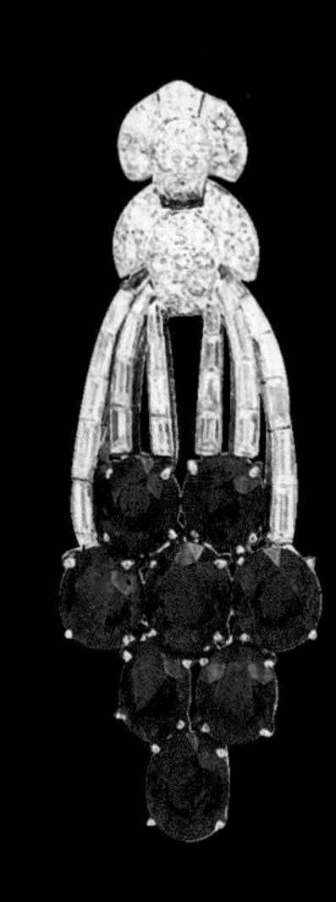

◁ **天然红珠宝配钻石耳坠**

铂金镶嵌椭圆形天然红珠宝，配镶钻石，垂感曼妙，摇曳生姿。

4 | 蓝珠宝的供需市场

蓝珠宝有比红珠宝更充盈的资源。澳大利亚蕴藏着世界上最多的蓝珠宝，据说占全球产量的70％～80％，可惜其蓝珠宝的品质欠佳，颜色偏黑、偏深、透明度不足。澳大利亚产的蓝珠宝中还有一部分具有星光效应。世界上顶级的蓝色蓝珠宝来自克什米尔地区，只可惜由于历年开采，资源几近枯竭，产量已十分有限。

泰国也曾是世界蓝珠宝的主要产地，主要在该国东南部占他武里一带，也因历年开采而使资源渐近枯竭。但近代，这里却成为蓝珠宝的主要加工地，来自澳大利亚、斯里兰卡、非洲，甚至我国产的蓝珠宝原石都汇集来到这里，经过泰国工匠的处理、加工，成为琢型珠宝，再销往世界各地。因此，尽管泰国今天已很少有自己的蓝珠宝供应，但它仍然是世界蓝珠宝的最主要加工地。

斯里兰卡也是传统的世界红、蓝珠宝产区，迄今这里仍是世界蓝珠宝供应地。这里除产有透明度较好，湛蓝—天蓝色的蓝珠宝外，还产有大量奶白色的究打石。后者几乎都销往泰国，并在泰国进行处理改色和加工，仍以斯里兰卡蓝珠宝的名义销往世界各地。据报道，这种究打石在斯里兰卡售价为每克拉0.1美元～0.4美元，但经泰国改色后，售价则高达每克拉几百美元到几千美元。在斯里兰卡还产有多种不同颜色的艳色蓝珠宝。著名的帕帕拉恰石也是最先产自这里。

△ **天然蓝珠宝配镶钻石吊坠**

主石尺寸约为11.50毫米×8.48毫米×4.61毫米

18K铂金镶嵌4.24克拉椭圆形天然蓝珠宝吊坠，配以1.32克拉高净度钻石，蓝珠宝清澈浓艳，时尚典雅。

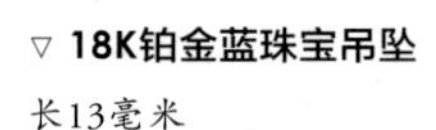

▽ **18K铂金蓝珠宝吊坠**

长13毫米

▽ **天然蓝珠宝吊坠**

吊坠长度33毫米

配以钻石，镶18K铂金。

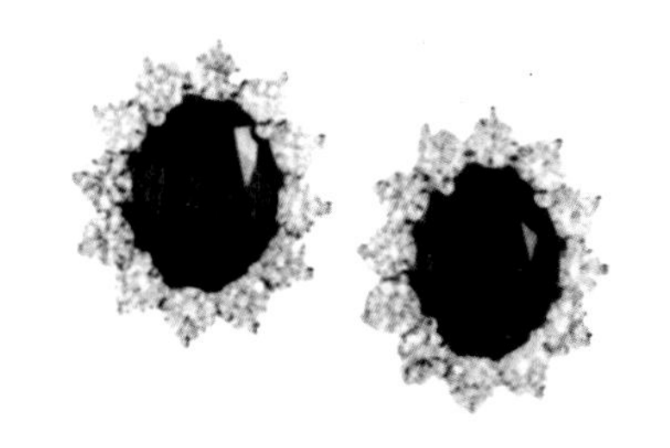

△ **天然蓝珠宝配镶钻石耳环（一对）**

主石尺寸约为9.76毫米×12.51毫米

铂金镶嵌6.91克拉及6.7克拉天然蓝珠宝，蓝色雅致清新，配镶钻石，闪耀动人。

◁ **18K铂金蓝珠宝吊坠**

长16毫米

非洲是近代蓝珠宝的一个新的供应地。这里的蓝珠宝来自马达加斯加、坦桑尼亚、肯尼亚、卢旺达和尼日利亚。其中马达加斯加向世界供应了许多品质优良的蓝珠宝（大多也经过热处理，未处理前色带大都较明显），但颗粒一般不大（0.5克拉~2克拉）。坦桑尼亚和肯尼亚则产有多种不同颜色的蓝珠宝，其中一些粉红色蓝珠宝经处理后可获得近似帕帕拉恰石的效果，从而对帕帕拉恰石的售价产生了强烈的冲击。尼日利亚和卢旺达虽也产有蓝珠宝，但在市场上所占份额有限。非洲蓝珠宝大多也运往泰国去处理和加工。

美国的蓝珠宝主要来自蒙大拿州，也有少量来自北卡罗来纳州，据说可年产100多万克拉，所产蓝珠宝也多为小颗粒（不超过2克拉），颜色为淡蓝—深蓝色。

在美洲，除美国外，巴西和哥伦比亚也产有少量蓝珠宝。在东南亚和南亚，蓝珠宝除产于前述几个国家外，还产于老挝、越南、柬埔寨、印度等地。

我国也是世界蓝珠宝的重要产地，已知资源分布于山东、海南、江苏、福建、黑龙江、青海等地。其中著名的山东昌乐产区，自20世纪80年代发现以来，已产蓝珠宝上千万克拉。遗憾的是，我国产的蓝珠宝也和澳大利亚蓝珠宝相似，颜色大多偏深、偏黑。对其进行减色处理的工艺，迄今国内尚不成熟（据悉，泰国已能妥善地将其颜色变浅）。

从蓝珠宝的消费市场来看，美国也是蓝珠宝的最大消费市场。蓝珠宝是美国的国石。据市场调查，除钻石外，各种有色珠宝在美国受欢迎的程度，蓝珠宝排名第一，以下依次为祖母绿、紫水晶、红珠宝、蓝色托帕石、碧玺。

在欧洲，蓝珠宝也具有良好的销售前景。1981年英国查尔斯王子将一枚蓝珠宝订婚戒指送给戴安娜，致使蓝珠宝成为一种新的流行时尚，20多年来其需求一直稳定而强劲。另外，希腊人对蓝珠宝也有特殊偏爱，将其定为国石。

在东亚，日本是蓝珠宝的主要消费市场，其他国家和地区如新加坡、韩国和我国的香港、台湾等地也具旺盛的购买力。

5 | 蓝珠宝的价值评估

蓝珠宝虽然有众多的品种，但其主流还是蓝色蓝珠宝，因此，在讨论如何评估蓝珠宝价格时，自然是以蓝色蓝珠宝为主要对象。不过，人们在如何评价蓝珠宝的优劣方面，迄今还没有一个各方公认的方案和标准。虽然，人们在实践中已渐渐达成共识，认为对于像蓝珠宝这样的有色珠宝，颜色的好坏应该是首要的评判因素，但在怎样划分颜色等级方面却还没有一致的意见。

传统上人们曾根据蓝珠宝的色系和产地，将蓝珠宝划分为7个商业品级。

A. 克什米尔蓝珠宝

是带有紫色调颜色华丽的蓝色蓝珠宝，是蓝色蓝珠宝的顶级品种，其克拉单价一般在几千到上万美元。此类蓝珠宝也有少量来自缅甸、斯里兰卡和泰国。

B. 缅甸蓝珠宝或称东方蓝珠宝

是一种呈“浓艳蓝色”或“品蓝色”微带紫色调的蓝珠宝。它与克什米尔蓝珠宝的区别是在不同的灯光下，其颜色可能变浅，或显得比克什米尔蓝更蓝一些而呈现出墨蓝色。此类蓝珠宝的价值一般比克什米尔蓝珠宝低一些，克拉单价大多为几千美元。

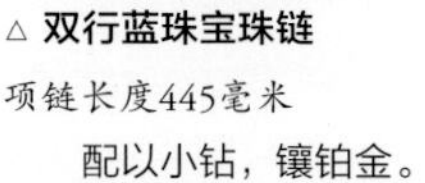

△ **双行蓝珠宝珠链**

项链长度445毫米

配以小钻，镶铂金。

▽ **缅甸天然皇家蓝蓝珠宝项链**

项链最大颗尺寸约为9.5毫米×11.19毫米

18K铂金镶嵌共70.49克拉缅甸天然皇家蓝蓝珠宝，配以21.93克拉钻石，蓝色幽静澄澈，雍容华贵。

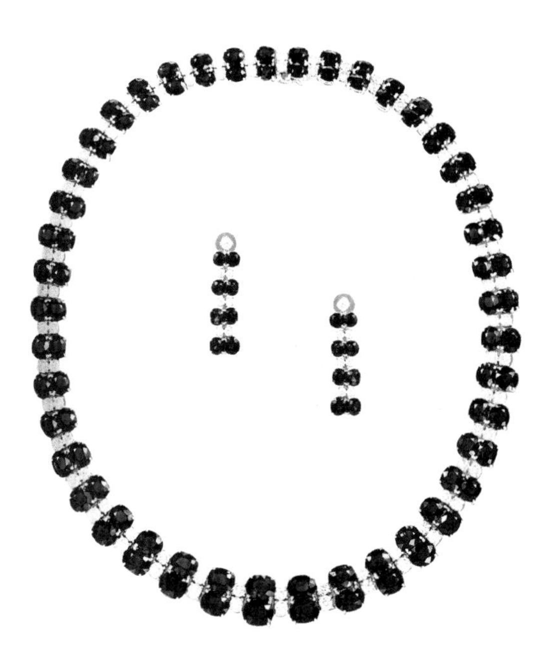

△ **缅甸产天然蓝珠宝配镶钻石项链、耳环套装**

项链长度约为415毫米

18K铂金镶嵌总重72.6克拉缅甸天然蓝珠宝项链，86颗蓝珠宝与86颗钻石的完美结合，蓝色浓郁，彰显王室风范，贵族气质。18K铂金镶嵌总重10.82克拉蓝珠宝耳环，设计时尚，精美绝伦。

◁ **天然（斯里兰卡）蓝珠宝配0.43克拉粉红钻石吊坠**

18K铂金镶嵌7.43克拉梨形切割斯里兰卡蓝珠宝，配镶0.43克拉梨形粉红钻石，外镶白色钻石，炫彩夺目，散发女性娇柔美艳之感。

C. 泰国蓝珠宝

指一些颜色比缅甸蓝珠宝稍深或蓝色中带灰色调的蓝珠宝。此类蓝珠宝大多经过热处理，属于中档蓝珠宝，一般克拉单价在几百美元到上千美元。

D. 斯里兰卡蓝珠宝

也称锡兰（斯里兰卡旧称）蓝珠宝，是一些颜色以灰蓝色至浅紫蓝色为主的蓝珠宝。其最大特征是透明度高，加工好的珠宝具有很好的火头（光亮度高），因此，它是一种很受市场欢迎的中档蓝珠宝，克拉单价与泰国蓝珠宝不相上下。近来，非洲马达加斯加产的蓝珠宝也有相当一部分属于此品级。

E. 蒙大拿蓝珠宝

原指美国蒙大拿州产的蓝珠宝。现指一些透明度高、具有强光泽、呈现“钢青色”或“铁青色”的蓝珠宝。此类蓝珠宝属于中偏低档，克拉单价一般为100美元～300美元。

F. 非洲蓝珠宝

泛指异色系的蓝珠宝。这是因早期非洲发现的蓝珠宝多为各种异色的，故此得名。此类蓝珠宝的价值变化很大，因色系而异，如最高档的帕帕拉恰蓝珠宝可超过克什米尔蓝珠宝，较次的那些具有金黄色的蓝珠宝，其克拉单价也可达几百美元到上千美元。除此两者以外的其他色系蓝珠宝大多价格不高，有的（如一些灰绿色）价格甚至低于澳大利亚蓝珠宝。

G. 澳大利亚蓝珠宝

是指一些颜色明显偏深、呈墨蓝色或蓝黑色的蓝珠宝。此类蓝珠宝不仅色深，透明度较差，而且常具明显的色带，是蓝珠宝中品质较差的一级，其克拉单价一般仅十几美元到几十美元。我国山东蓝珠宝也大多属于此类。此类蓝珠宝价格的提高有赖于热处理改色的成功。

除颜色这一首要因素外，蓝珠宝的价格当然也受净度、大小和切工的影响。一般来说，蓝珠宝的净度通常比红珠宝好得多，除常可见有色带外，较少见有明显的包体。所以，通常不对其净度作详细的划分，只要肉眼看不清色带，又无其他有碍观感的瑕疵，对其价格就不会造成大的影响。

蓝珠宝虽然颗粒一般较大，但优质蓝珠宝仍以颗粒较小的为主，所以，颗粒的大小对优质蓝珠宝的价格影响仍然比较显著。

总之，蓝珠宝由于产量相对较大，所以，在世界四大名贵珠宝中，以价格相对较低而占有较大的市场，成为除钻石外最受欢迎也最具影响力的珠宝。按销售量排名，它居有色珠宝之首。

6 | 蓝珠宝收藏投资要点

一般来说，收藏投资蓝珠宝要注意的问题与红珠宝相似，但也略有差异。

蓝珠宝也同样存在3个层次的真伪问题。要鉴别第一层次的那些貌似蓝珠宝的仿冒品，是比较容易的。至于第二层次的合成蓝珠宝，应该说在合成技术上它不及红珠宝那样成熟。在市场上，至今仍以焰熔法合成蓝珠宝为主，而且由于技术上的难度，其产量也不及红珠宝，所以，在市场上合成蓝珠宝远比合成红珠宝少见。在第三个层次上，蓝珠宝的优化处理品所占的比例也比红珠宝少一些。有人估计，市场上销售的天然红珠宝有80％～90％是经过人工优化处理的，而蓝珠宝只有70％～80％是经过人工优化处理的。和红珠宝一样，单纯的热处理已被珠宝界所接受，视其等同于真正的天然珠宝。但蓝珠宝中却相对多见有扩散处理的产品。蓝珠宝还见有辐射处理的成品，但这种成品不是蓝色蓝珠宝，而是黄色或橙黄色黄蓝珠宝。目前，对于此类成品还没有有效的检测识别手段，但辐射带来的颜色却是不稳定的，对此消费者必须十分谨慎。

蓝珠宝的价值首先也体现在它的颜色上。不仅蓝色蓝珠宝本身会因蓝色的差异而有不同的价格，蓝珠宝还因有不同的色彩而分出贵贱差异。在蓝珠宝家族中，最高贵的不是蓝色蓝珠宝，而是被称作帕帕拉恰的蓝珠宝（但近期因发现有很多经人工处理获得的具有类似颜色的似帕帕拉恰石，所以其价格大受影响），其次才是蓝色蓝珠宝。罕见的紫色蓝珠宝也具有较高的价格，然后是具有金黄色调的蓝珠宝，一些色彩不好的灰绿、黄绿或蓝绿色蓝珠宝具有较低的价格，但十分罕见的纯绿色者例外，其价格有时也可以与优质的蓝色蓝珠宝相当。

在净度上，蓝珠宝大多比红珠宝干净。这就使人们有理由要求，用于制作高档首饰的蓝珠宝应是干净、无瑕的。如果有肉眼可见的瑕疵，其价格就会受到较大的影响。

蓝珠宝虽然净度较好，但颜色却常不是很均匀，尤其是那些未经热处理的真正的天然蓝珠宝，常有不同程度的色带，使颜色表现出一定程度的不均匀性。

在粒度上，蓝珠宝也常见有大颗粒，所以，除了最优质的蓝珠宝之外，其价格随颗粒大小增长的速度远不如红珠宝。

五 红珠宝、蓝珠宝的保养

1 | 红珠宝、蓝珠宝收藏注意事项

红珠宝、蓝珠宝等首饰在平时佩戴或收藏时应注意以下几个方面。

避免珠宝饰品与硬物碰撞或受外力猛烈撞击。尽管红珠宝、蓝珠宝的硬度很大，仅次于金刚石，但它们却比较脆，受到撞击或跌落在硬地上时容易摔碎、摔裂。

勿与钻石摩擦、刻划，以免损伤红珠宝、蓝珠宝等硬度低于钻石的珠宝。在收藏或存放时对于镶不同珠宝的首饰应逐件分开存放，以免相互划伤。

避免与具有腐蚀性的物质（如酸、碱等）接触，不要在有化学污染的地方（如汞、二氧化硫、硫化氢等含量高的地方）佩戴，以免镶嵌金属及珠宝本身变色。

随时注意镶珠宝的金属托爪是否完整，以避免珠宝松动、脱落。注意项链的搭扣是否牢靠，以免整条项链脱落。项链的串线若为尼龙线时，应注意其是否因老化而断开，致使串珠失落。

佩戴红、蓝珠宝等首饰时应避免参加剧烈的运动，这样，一是可以避免珠宝的损坏；二是可以避免珠宝因冲撞或变形而伤人；三是可以减少汗渍对珠宝的腐蚀。

摘、戴首饰时不要在卫生间进行，以免首饰掉入水槽、便池及浴盆的排水槽。要养成在化妆台上摘、戴首饰的习惯，以避免上述事件发生。首饰佩戴后摘下时，应用软布或丝绸稍加擦拭，以除去大部分的汗污。

◁ 红珠宝配彩色钻石蝴蝶丝巾扣

△ 红珠宝配钻石项链

△ 红珠宝及钻石项链　约1969年

△ 红珠宝钻石项链及耳环

项链长度约397毫米

镶铂金，项链30颗红珠宝共重54.24克拉，钻石共重约105.6克拉，耳环红珠宝及钻石分别重约7.47克拉及7.52克拉。

△ 红珠宝及钻石手链及耳环套装

2 | 红、蓝珠宝首饰的清洗

尽管在佩戴时十分小心，保管时也十分用心，但由于红珠宝、蓝珠宝、钻石等首饰戴久了会吸收人皮肤上的油脂，影响光亮度，同时也会留下各种污渍，且用来镶嵌珠宝用的各种金属也会因时间久了而变色、无光泽，这是十分自然的事情。因此，我们就需要对首饰做定期清洗。目前镶珠宝首饰广泛采用的清洗方法主要有两种：手工清洗与超声波清洗。

（1）手工清洗

手工清洗是一种常用的清洗方法。用一只小塑料碗，放入温水，并滴入少许的清洗剂。将要洗的珠宝首饰放入其中，用软布或软的天然纤维刷擦洗或刷洗珠宝。清洗剂种类较多，根据首饰的品种，选择合适的洗涤溶液，以不损害（不溶蚀、不污染）首饰为原则，如用醋酸水溶液或氢氧化钠水溶液等，也可

△ **红珠宝钻石项链**

项链长度约410毫米，重32.87克

红珠宝7颗共重8.54克拉，钻石15.73克拉，18K铂金。

◁ **未加热红宝钻石项链**

项链长度约410毫米，重40.8克

9颗红珠宝共重9.9克拉，未经热处理，钻石6克拉，F-克色，VS1-VS2净度，18K铂金。

用市场上出售的各种首饰洗涤剂。一般珠宝，尤其是天然或合成的红、蓝珠宝等物理化学性质较稳定的珠宝，适合用此方法清洗。经过加热处理的红珠宝、蓝珠宝以及经扩散（渗透）处理的红珠宝、蓝珠宝也可以用溶液手工清洗。但是，经水煮人工染色的红珠宝、蓝珠宝以及黏合珠宝是不允许用溶液清洗的。原因很简单，以水煮染色的珠宝原染色料极易被清洗液溶解而导致褪色，恢复原珠宝的不够鲜艳或浅淡颜色。黏合珠宝则可能被清洗液溶去有机、无机染色剂或塑料夹层、黏合底座等，从而造成整件首饰破裂或严重受损变形。

珠宝首饰清洗之后，取出放在软的干净的布上擦干或在空气中自然晾干，不得用抛光布或热气处理，也不应放在阳光下暴晒，以免引起某些珠宝褪色。

（2）超声波清洗

这是一种物理清洗方法，一般珠宝首饰皆可用此法清洗。但含裂隙较多的珠宝首饰和裂隙虽不多，但一条裂隙贯穿珠宝大部分的珠宝首饰忌用此法清洗，否则珠宝容易出现破碎。扩散处理的红珠宝或蓝珠宝首饰也可用此法清洗，但经过加热处理（改色）的红珠宝、蓝珠宝，若内部裂纹较多，则不适合用此方法清洗。

第五章

珍珠鉴赏与收藏

一 珍珠的种类

△ **天然珍珠耳坠**

珍珠直径15.2毫米～16.0毫米，耳钩型耳坠长度42毫米

配以钻石，镶银及18K粉红金。

珍珠形成于各种贝、蚌类等其他软体动物体内，生成环境不尽相同，所以珍珠的各种物化性质也有很大的差异，可按珍珠的形成原因、生成环境、产地、颜色、形态、大小和母贝种类等特征进行分类。

1 | 按成因分类

（1）天然珍珠

天然珍珠是大自然的意外产品。凡含有珍珠层的软体贝壳类均能产生珍珠，当其开口吸气或觅食时细小的沙粒或微生物等物体偶尔会进入其体内，贝和蚌类生物受到刺激而感到不适时，便会分泌珍珠质将入侵物层层包围起来，经过长时间的分泌包裹，便形成了一粒漂亮的富有特殊光泽的珍珠。天然珍珠可形成于海水、湖泊和河流等适合生长的各类水域环境中，根据成因环境可进一步分为天然海水珍珠和天然淡水珍珠，但因珠宝级天然珍珠十分稀少，市场上几乎很少有天然珍珠的销售，所以其价格十分昂贵。

△ **天然珍珠链**

珍珠直径10.04毫米～15.5毫米，珠链长度393毫米

配以钻石珠，镶铂金。

▷ **天然珍珠项链**

159颗珍珠直径4.4毫米～9.1毫米，项链长度1035毫米

配以钻石，镶铂金。

△ 南洋养殖金色珍珠项链

▽ 天然珍珠项链

珍珠直径3.6毫米～9.5毫米，项链长度445毫米配以钻石及珍珠扣，镶铂金。

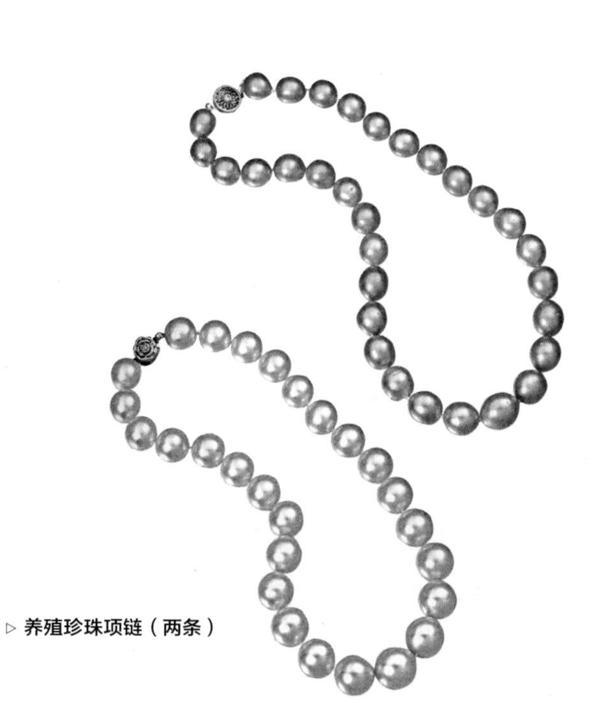

▷ 养殖珍珠项链（两条）

△ **养殖珍珠链**

25颗养珠直径15.9毫米～18毫米，项链长度443毫米

配以小钻，镶18K铂金。

（2）养殖珍珠

养殖珍珠包括海水和淡水养殖珍珠，可简称为海水珍珠和淡水珍珠。

海水养殖珍珠是海水生长的贝类培育出来的应用插核培植技术生产的珍珠，可以进行大规模的养殖生产，目前市场上95％以上的海水养殖珍珠是由人工插核养殖而成的。

淡水养殖珍珠产于湖、河等蚌体内，形成过程与海水养殖珍珠基本相似。一般用蚌的外套膜小片或各种不同形状的珠核植入蚌体内，珠母蚌分泌珍珠质将其包裹而形成珍珠。

按养殖珍珠的插核方式可分为无核养殖珍珠和有核养殖珍珠。

① 无核养殖珍珠

无核养殖珍珠一般是在淡水养殖时将取自活珠母蚌的外套膜切成小块，插入三角帆蚌或其他珠母蚌的结缔组织内，就像天然珠母贝、蚌类中的异物进入一样，以生成品质与天然珍珠基本相同的无核养殖珍珠。该类珍珠形状、颜色难以控制，其中个体大、形状好、珍珠光泽强的优质珍珠更显珍贵。一般将形状、色泽较好者用于装饰品，品质较差者则可作为保健品、药品及化妆品等的原料。

△ **南洋养殖金色珍珠项链**

△ **养殖珍珠项链**

28颗珍珠直径15毫米～18毫米，项链长度为442毫米

△ **南洋养殖白色珍珠项链**

△ **天然珍珠项链**

213颗珍珠直径2.1毫米～11毫米，项链长度540毫米

配以钻石，镶铂金。

△ **天然珍珠项链**

珍珠直径3.7毫米～14.5毫米，项链长度464毫米

配以钻石，镶18K黑金。

△ **养殖珍珠耳环**

耳夹型耳坠长度73毫米

镶18K黄金及铂金。

△ 养殖珍珠配钻石项链

△ 养殖珍珠配钻石项链

② 有核养殖珍珠

有核养殖珍珠主要适用于海水养殖珍珠，将制好的珠核植入贝、蚌体内，令其受刺激而分泌珍珠质，将珠核逐层包裹起来而形成珍珠。珠核一般用淡水蚌壳制成，常磨成圆形，也可制成其他形状。目前淡水养殖珍珠也开始使用插核养殖技术，但还处于试验阶段，插核养殖技术和珍珠质量都有待于提高和改进，虽然该类珍珠产量较少，但市场前景良好。

有核养殖珍珠核的大小不等，视珠母贝类型不同而定，如马氏贝的珠核直径一般为4毫米～8毫米，大珠母贝所插的珠核大小可达十几毫米乃至数十毫米。珠核植入珠母贝体内后，母贝不断分泌的珍珠质将其包裹起来，一般生长一年以上，珍珠质包裹层厚度可达到1毫米～2毫米。由于有核养殖珍珠的形状更为理想，深受市场欢迎，从而刺激了插核养殖技术的不断改进和提高。此外，利用有核插核技术，还可以将核制成佛像、人像、动物、文字及其他图案等，从而生成极具观赏价值的“模型珍珠”。

③ 再生珍珠

再生珍珠是指采收珍珠时，在珍珠囊上刺一伤口，轻压出珍珠，再把育珠蚌放回水中，待其伤口愈合后，珍珠囊上皮细胞继续分泌珍珠质而形成的珍珠。再生珍珠的生产具有节省蚌源、操作简便、成珠周期短、产量高、经济效益高的优点，但其形状不及初生珍珠圆整、表面光泽较差、等外珠所占比例大，多数作为医药和日用化工的原料。一般来说一只蚌只能进行一次再生珍珠的养殖，若连续两次以上再生养殖，则珍珠质量逐次下降，效益低微，得不偿失。

④ 附壳珍珠

附壳珍珠也是有核养殖珍珠的一种，如玛比（Mabe）珍珠，它是由一颗插核养殖的半球形珍珠和珠母贝壳组合而成的。海水中的白蝶贝、企鹅贝和淡水中的三角帆蚌等个体比较大、壳质较好的贝种和蚌类均可用来制作模型或附壳珍珠。半球形珍珠一般是在贝壳和外套膜之间插入用滑石、蜡或塑料制成的半球核，经贝、蚌类分泌的珍珠质包裹而形成的。

2 | 按产出环境分类

（1）海水珍珠

海水珍珠是指海水贝类产出的珍珠，分为海水天然珍珠和海水养殖珍珠。

海水天然珍珠是指生活在海水里的各种贝类、螺类等生物受到外来物体入侵，分泌出珍珠质将入侵物层层包裹起来而形成的珍珠。这种珍珠价值极高，市场上难以见到，是投资珍藏的理想品种。

海水养殖珍珠是指将制好的珠核植入生活在海水里的各种贝类，如马氏贝、白蝶贝、黑蝶贝等体内，由贝类体内珍珠质层包裹起来而形成的珍珠。

△ **灰色珍珠项链**

一串总27粒，尺寸为15毫米～16.9毫米

南洋灰色珍珠项链，颗粒饱满、色泽明亮、高贵优雅。

（2）淡水珍珠

淡水珍珠是指淡水蚌类产出的珍珠，一般产于各类湖泊、江河和溪流中。我国是淡水珍珠的主要生产地，占国际淡水珍珠总产量的85％，其次为日本、美国等地。目前市场上的淡水珍珠皆为养殖珍珠。淡水珍珠具有各异的形态、绚丽的颜色、动人的光泽和便宜的价格等特点，在市场上颇受欢迎。

① 湖珠

湖珠是指产于湖泊里的珍珠。如我国的太湖、洞庭湖等各种大小不一的湖泊，湖泊环境宁静，营养充足，有利于高质量、大颗粒的珍珠生长，其光泽不亚于海水珍珠，所以市场上出售的高价位的淡水珍珠一般是湖珠。

△ **天然珍珠钻石项链**

镶18K铂金，727颗天然珍珠尺寸约3.3毫米～10.55毫米，项链长度约485毫米

◁ **白色珍珠项链**

一串总29粒，尺寸为14毫米～18.2毫米南洋白色珍珠项链。

② 河珠

河珠是指产于各种河流和小溪的珍珠。由于河流和小溪常年处于流动状态，生长环境不如湖泊稳定，不利于大颗粒珍珠的生长，所以河珠颗粒较小，光泽和形态也相对较差。

3 | 按产地分类

（1）东珠

东珠主要是指产于日本的珍珠。日本珍珠素来都是养殖珍珠中的经典品种，主要有圆形有椭圆形，直径在2毫米～10毫米，色调有带粉红的白色、奶油色及银蓝色等。产于东京东北面湖区的Kasumiga珍珠是东珠的代表，所采用的珠母贝是日本与中国淡水牡蛎混种的优良品种，植入圆形或扁平的珠核，生产出独特的带玫瑰粉红、深粉红的珍珠，润泽娇美，质量上乘。

（2）西珠

广义上把产于大西洋的珍珠统称为西珠，狭义上仅指意大利产出的珍珠，主要指海水珍珠。由于当地的水质变差，故西珠的产量越来越少，珍珠质量也逐年下降。

（3）南珠

享有珍珠之后美誉的南珠早期原产于澳大利亚北面海域和菲律宾及印度尼西亚，随着养殖技术的不断提高，南珠的范围也在不断扩大。南珠的颗粒较大，直径一般为8毫米左右，有些可达数十毫米，光泽可人，极其珍贵，市场价格不菲。颜色有纯洁的粉色、迷人的银色及高贵的金色等，让人爱不释手。现在我国南海、北部湾一带，如合浦、湛江、北海等地产的珍珠也归为南珠范畴。南珠粒大、珠圆、珠层厚、晶莹璀璨。史书上记载，自汉代以来的历代封建统治者均要合浦太守上贡合浦珍珠作为宫廷贡品，就连英国女王皇冠上的那颗拇指大的璀璨明珠也是北部湾产的南珠。北部湾畔的广东湛江，汉代属“合浦郡”，在这里流传着“珠还合浦”的动人传说。珍珠仙子本是天上仙子，她看到南海旁边的渔村荒凉破落，渔民家境贫困，生活艰辛，深表同情，自愿从天上仙宫沉落海底，任凭海水浸泡，海浪冲洗，久而久之就变成了熠熠生辉的珍珠，让渔民采撷，使生活拮据的渔民维持生计，过上舒适的日子。但到了东汉，由于朝廷派出的官吏和地方上的贪官串通一气，残酷地压迫、剥削珠农，强迫珠农不分昼夜无限量地采撷珍珠，造成民不聊生。珍珠仙子看在眼里，痛在心上，于是决心离开北部湾，径直奔向了波涛汹涌的大海。从此，北部湾一带产珠量大减。后来，一个出身寒微的读书人孟尝出任合浦郡太守，开始整治沿海珠池，弃除苛捐杂税，打击宦官奸商，优抚百姓，恢复生产，渔民重见天日，回复了往日和乐融融的捕捞和采珠生活。珍珠仙子目睹一切，暗自欢喜，也悄悄地回到了无限依恋的北部湾，因而这一带的珍珠骤增，珠农们又采到了闪闪发光的南珠。

（4）北珠

北珠是指北宋至明朝期间发现于金国所在区即我国的东北辽宁、吉林、黑龙江一带河流和湖泊的天然淡水珍珠。为了区分南部海域所产的珍珠，故称为北珠。清朝康熙年间，北珠的质量、色泽胜过其他产地的珍珠，成为皇家贡品。清康熙时高士奇在《扈从东巡目录》中就写道：“土产人参，水出北珠”，此外《采珠序》一书中有“岭南北海所产珍珠，皆不及北珠之色泽”的记载。北珠的颜色有白色、黄白色、淡黄色、灰色及其他颜色，形态一般呈椭圆状，圆形珠较少，表面光洁，但有一条或数条腰线，大小不一。近年来由于气候、环境和水质发生了较大的变化，北珠已濒临枯竭。

△ **彩色南洋珍珠项链**

31颗南洋珍珠尺寸约13毫米～13.7毫米，项链长约427毫米

▷ **南洋珍珠钻石项链**

镶18K铂金，10颗南洋珍珠尺寸约12.85毫米×10.45毫米，项链长约487毫米

△ **南洋珍珠配无色刚玉项链**

22颗南洋珍珠尺寸约13毫米～15毫米

镶18K铂金，项链长约497毫米。

△ **南洋珍珠项链**

镶18K金，38颗南洋珍珠尺寸约10.1毫米～11.4毫米，项链长度约395毫米

（5）南洋珠

南洋珠是指产于东南亚印度尼西亚、波斯湾、南太平洋、澳大利亚等地的珍珠，南洋珍珠主要是由白蝶贝等大珠母贝所培育出来的珍珠，其贝体是产珠贝类中最大的，所产珍珠的直径可达10毫米～18毫米，最大可达20毫米，且珍珠层厚实，光泽极佳，颜色丰富，形态圆润，是珍珠中的上品，特别珍贵。一般来说，白蝶贝中的亚类银唇贝通常产银白色的珍珠，金唇贝则多产金黄色或杏色的珍珠，即市场上价值很高的金黄色珍珠。南洋珠养殖时间至少一年半，多则几年，养殖出来的珍珠不需加工，具有品质稳定的特性，而这正是南洋珠魅力所在，极受消费者青睐。

澳洲珠是南洋珠中的珍品。它的圆润、纯净、硕大、与生俱来的自然美和令人炫目的金色和银白色泽，表现出无可比拟的高雅和浪漫，使其成为世界上最受欢迎的珍珠之一。澳洲珠每年产量的半数以上销往珍珠大国——日本，其余部分销往欧美经济发达国家。澳洲珠只产于澳大利亚西北部海岸的极小部分地区。该地区人烟稀少，水质清纯，水温适宜，海湾开阔，台风罕至。优良的水域环境十分利于产出高品质珍珠的白蝶贝（Pinctada Maxima Oyster）生活。得天独厚的自然条件，配合来自珍珠养殖业的高超技术，是澳洲珠高品质的保证。产澳洲珠的白蝶贝只能从海洋捕捞，由于自然资源有限，使得澳珠弥足珍贵。而极其重视生态平衡的澳大利亚政府，对每年白蝶贝的捕捞量制定了严格的监管条例，违者轻则高额罚款，重则吊销牌照，使得珍珠养殖公司不敢规模泛采，这些法规同时也保证了澳洲珠高昂的市场价格和珍珠业的平稳发展。纯净而富含微生物的水域，风平浪静的海湾，保证了海底珍珠贝在至少六年的养殖期间能健康地生活，有利于澳洲珠表面的圆润光滑，不含任何杂质。澳洲珠一般直径为10毫米～15毫米。由于每粒珍珠的养殖周期都在两年以上，所以珍珠质层较厚，其独特的光泽令人眩目，使佩带者在珠光宝气的隆重场合中更为突出夺目、与众不同。尤为特别的是，它的银光之上有一层闪烁的光彩，美艳而神秘。

△ **南洋珍珠及各色珠宝鹦鹉胸针**

镶18K玫瑰金，沙弗莱石榴石共重约1.10克拉，蓝色及粉红色刚玉共重约1.40克拉。

△ **白色珍珠配红珠宝及钻石戒指**

18K铂金镶嵌直径15毫米的天然圆形白色珍珠，四周配以红珠宝、钻石作点缀，犹如一朵热情盛开的花朵，彰显异常夺目的华贵之感。

（6）塔希堤（Tahiti）珍珠

塔希堤（Tahiti）珍珠产自南太平洋波利尼西亚（Polynesia）环礁及珊瑚群岛的塔希堤岛，所产珍珠以深沉稳健的黑色誉满全球。黑珍珠不但蕴藏有深海的神秘，更兼备淡淡彩虹的幻彩光芒。大部分塔希堤珍珠为水滴形和圆形，水滴形珍珠其线条比一般圆形更显独特，珍珠的颗粒较大，直径一般为10毫米～15毫米，最大的可达20毫米，颜色一般有纯黑、深灰及银灰色，而最独特的颜色则是璀璨夺目的孔雀绿，弥足珍贵。

△ **白色珍珠配蓝珠宝及钻石戒指**

珍珠直径约15毫米

18K铂金镶嵌蓝珠宝、钻石的花瓣，中央配以圆形白珍珠的花芯，巧妙时尚，尽显高贵优雅的摄人之美。

4 | 按颜色分类

（1）白色珍珠

白色是珍珠的本色，也是市场上最流行的颜色。珍珠的白色是一个系列颜色，可细分为纯白色、奶白色、银白色和瓷白色等，其中纯白色、奶白色和银白色珍珠在日本特指质量上乘的珍珠，是深受亚洲人欢迎的品种之一，白色珍珠占产出珍珠的比例不高，大约为25％。

△ **铂金镶珍珠及钻石戒指**

主石为直径14毫米的南洋金色珍珠，旁边配90粒总重4.08克拉钻石戒指。

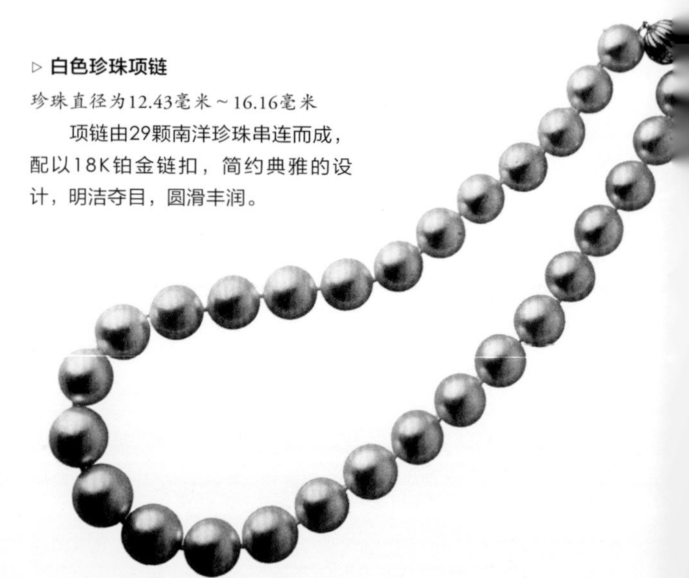

▷ **白色珍珠项链**

珍珠直径为12.43毫米～16.16毫米

项链由29颗南洋珍珠串连而成，配以18K铂金链扣，简约典雅的设计，明洁夺目，圆滑丰润。

◁ **铂金镶白色珍珠戒指**

18K铂金镶17.8毫米白色南洋珍珠戒指，配1.2克拉白碎钻。

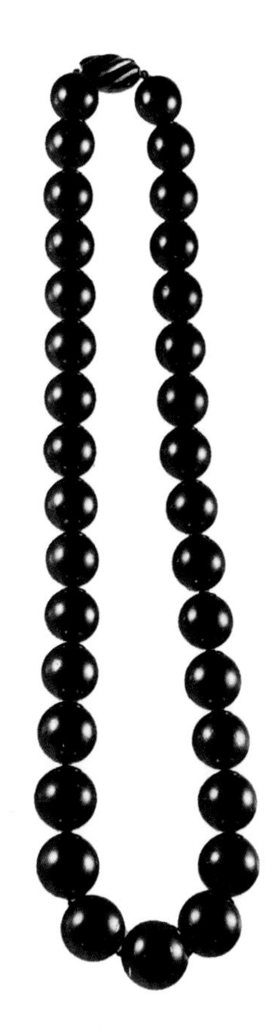

（2）黑色珍珠

黑色珍珠简称黑珍珠，实际上是指灰—黑色系列的珍珠，而纯黑色的珍珠并不多见，优质黑珍珠的体色，以孔雀绿和钢灰色为主。传说一滴露珠落进海里时，如果正好被一只张开口的海贝接住，就可形成一颗晶莹的珍珠，要是天气不好，映染灰色天空的露珠形成的就是一颗黑珍珠。这个传说从15世纪一直流传至今。虽然它未能解释珍珠成因，却说明人们从认识珍珠起，就把黑珍珠当成一个特殊的品种看待。黑珍珠是20世纪70年代后才流行起来的，以前人们获得的只有十分罕见的天然黑珍珠，因产量极少而未成气候。20世纪中叶日本养珠专家在澳大利亚成功开发了黑蝶贝的养珠技术，养殖出绿色或黑色的珍珠，实现了商业性生产。然而，黑蝶贝产出的珍珠并不都是黑珍珠，达到珠宝级的黑珍珠则更少。目前黑珍珠只有两个主要的产地：一个是波利尼西亚群岛的塔希堤岛，产出全球95％的黑珍珠；另一个是库克群岛的彭林岛和马居希基岛，占总产量的4％。这两个地区同处于太平洋中南部，故又把黑珍珠称为黑色南洋珠。大多数黑珍珠粒直径为9毫米～10毫米，15毫米以上的精圆形黑珍珠极为稀有。黑珍珠天然颜色的形成，可能是由于黑蝶贝在海水中生活时，吸附了海水中的锰离子，并在珍珠的形成过程中，形成黑色的锰氧化物参与珍珠的结晶所致。

△ **黑色珍珠项链**

珍珠平均直径约11.06毫米，重104.8克

项链由39颗大溪地黑珍珠串连而成，珠粒饱满丰润，珠面幻彩缤纷，绝佳地演绎出珍珠的华美之感。

▷ **大溪地黑珍珠项链**

最大颗珠粒直径约为14.63毫米，珠链长度约为460毫米

此项链由31颗大溪地黑珍珠串联而成，珠粒均匀饱满，表面几近无暇，配以黑金镶嵌红珠宝链扣，高贵典雅。

◁ **黑色大溪地珍珠项链**

最大颗直径12毫米，项链长约450毫米

此项链由37颗光滑圆润青黑色大溪地珍珠串联而成，高雅尊贵。

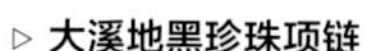

▷ **大溪地黑珍珠项链**

最大颗珍珠直径为10.65毫米～13.6毫米

此项链由35颗孔雀绿黑珍珠串联而成，浑圆坚实，搭配14K黄金珠扣，雍容华美。

◁ **黑色大溪地珍珠项链**

最大颗直径13毫米，项链长约540毫米

此项链由33颗光滑圆润青黑色大溪地珍珠串联而成，配以特质银珠扣，典雅大方，光彩夺目。

（3）粉色珍珠

粉色珍珠是指颜色为粉色、玫瑰色的珍珠。螺珠、鲍鱼珠是其中的特殊品种，往往伴有火焰状纹理和晕彩，十分壮观高贵，产量甚少，目前仅见于美国的佛罗里达州、墨西哥的尤旦坦半岛、巴哈马以及加勒比海的阿恩提半岛海域，故市场价格不菲。

（4）金色珍珠

金色珍珠，又称金珠，是白蝶贝类的亚类金唇贝类产出的金黄色、光泽上佳、个体硕大的珍珠，也是近几年市场流行的品种之一，多产于澳大利亚及菲律宾一带。由于产量太低，市场需求过热，价格高居不下，故在市场上有一些经过辐射、染色等改善工艺处理的珍珠投放市场。

◁ **金色珍珠及钻石项链**

平均直径为12.3毫米

金黄色珍珠项链，配18K铂金镶钻石链扣。

（5）紫色珍珠

紫色珍珠，外观为紫色或淡紫色，是淡水珠中常见的品种，主要产于三角帆蚌，此外与珍珠生长时在蚌内所处的位置、生长环境、致色金属离子和有机色素有关，紫色珍珠往往光泽良好。

（6）黄色珍珠

黄色珍珠，呈黄色、灰黄色、浅黄色、深黄色及橙黄色，是珍珠的主要品种，各种珠母贝和不同环境产出的珍珠属于该色系的最多，呈色原因是珍珠质中的有机质和部分金属离子（如铁、铝、锰等）所致，深黄色珍珠的颜色则与胡萝卜素和类胡萝卜素有关。

（7）杂色珍珠

杂色珍珠是指上述色系以外的珍珠，如绿色、蓝色以及一粒珍珠上呈现出几种色调的珍珠，这类珍珠比例较小，致色原因除色素外，还有结构及光学作用的因素，市场价值也较高。

（8）着色珍珠

着色珍珠一般是对某些质量差的珍珠进行染色、浸色和辐射改色等处理，多改色为市场上热销的颜色，如黑色、金黄色等。

二 珍珠首饰鉴赏

珍珠首饰以其独有的典雅高贵和琢磨不透的神秘感让人深深着迷，尤其是在近两年的日本及欧美，珍珠首饰含蓄内敛的气质吸引着众多女性，成为时尚饰品的一大主流。

1 | 珍珠项链

造型缤纷的珍珠项链，如今已不再是古代贵妇的专用饰物，而成为现代女性的时尚饰品。其品种繁多，根据其长度可大致分为以下几类。

△ **南洋珍珠配钻石项链**

珍珠尺寸约11.7毫米×12.02毫米～14.06毫米×15毫米

18K铂金镶嵌白色、金色、粉色南洋珍珠，共42颗，伴色温润纯净，珠体光洁无瑕，配以钻石，极致璀璨华美。

△ **白色南洋珍珠项链**

项链长约470毫米，最大颗珍珠直径约为18.51毫米

此项链由28颗白色南洋珍珠串联而成，珍珠光洁无瑕，颗颗珠圆玉润，华贵大气。

△ **银色大溪地珍珠项链**

最大颗珍珠直径为11.8毫米，项链长约315毫米

此项链由35颗光泽亮丽的银色大溪地珍珠串联而成，珍珠圆润饱满，华贵典雅，气质非凡。

（1）衣领型

多条30毫米左右的短项链并排佩戴，紧密贴合颈部，具有维多利亚时代的奢华气息，非常适合与V字领、船领或露肩低胸晚礼服搭配。

（2）短项链

佩戴单串长度在40毫米左右的珍珠项链，可谓是最古典但也是最流行实用的选择。单串珍珠项链可与任何古典或时尚晚礼装搭配，而且可以与任何形式的衣领配合。

（3）公主型

长度在45毫米～48毫米。公主型项链尤其适合与高领的服装搭配，同时也可配合吊坠或其他垂饰，增添流动感。

（4）马天尼型

长度在50毫米～58毫米的珍珠项链。它的长度超过公主型，但略短于歌剧型项链的长度。马天尼型是休闲装或职业套装的最佳搭配。

（5）歌剧型

长度在70毫米～80毫米的珍珠项链。歌剧型是各种长度的珍珠项链中最受欢迎的，可与高领服装完美结合，也可以将其缠绕成两串短项链，达到别样的效果。

（6）结绳型长项链

长度超过110毫米，可以选择不同的佩戴方式。优雅而且性感的长项链也是著名服装设计师香奈尔的最爱。将长项链的搭扣稍做改变，即能轻易地将它变成多串项链和手镯的组合。

（7）多串渐变项链

由直径8毫米以上的超特大珠，逐渐减小到直径6毫米～7毫米的中珠，直至直径5毫米以下的厘珠，从数十颗至数百颗不等，绕颈5～10圈，颇有浪漫、豪爽之气，浑然洒脱。

（8）礼服项链

由多串长短不一的珍珠项链串连，排列于胸前，一般无坠，因与四季礼服配用而得名，显现庄重、清秀、典雅的特点，故又称豪华项链。

珍珠项链光泽圆润、高贵典雅，具有很好的装饰效果，特别为女性所青睐。选择适宜的珍珠项链及挂坠等首饰，常常可以起到弥补脸型缺憾的效果。一般而言，长脸型的人应选购短或者双套式项链，可使脸型产生一种圆满感。圆脸而颈部粗短的女性，则以选择公主型或马天尼型项链为宜，可在正面形成

"V"字形线条，从而改善整体视觉效果。四方脸型的人选择歌剧型项链或其他较长的项链，将会使面部形象得以改变。相对而言，椭圆脸型是最完美的，可以根据个人的肤色、发型以及不同的着装随意搭配选择各式珍珠项链。

在选购时应注意要与个人肤色适应，同时要从衣服的领型、颜色、材质上，找到适合搭配珍珠项链的方法，从而既可以衬托服装的格调，又能表现出佩戴者的气质和美学观点。

△ **大溪地黑珍珠耳环及项链套装**

最大颗珠粒直径约为14.92毫米，珠链长度约为480毫米

此项链由33颗大溪地黑色珍珠串联而成，珠粒颗颗饱满，晕彩熠熠，耳环珍珠小巧精致，曼妙可爱。

▷ **18K铂金珍珠项链**

重16.81克

▷ **彩色珍珠项链**

最大颗珠粒直径约为16.69毫米，项链长度约为570毫米

此项链由36颗彩色珍珠串联而成，珠粒饱满均匀，颜色丰富，美丽非凡。

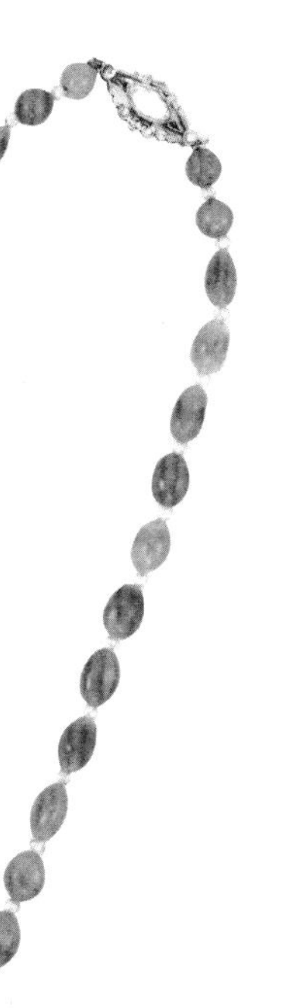

2 | 珍珠戒指

珍珠戒指是戒指家族中的佼佼者，深受中外消费者的青睐。珍珠镶金配宝后，相得益彰，浑然一体，更显示出其高贵、纯洁，佩戴起来珠光宝气，令人爱不释手。常见的款式有一元式、公主式、鸡尾酒式等。

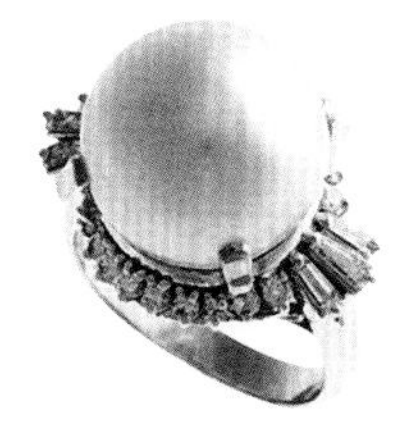

△ **铂金珍珠戒指**
直径12.1毫米，重11.58克

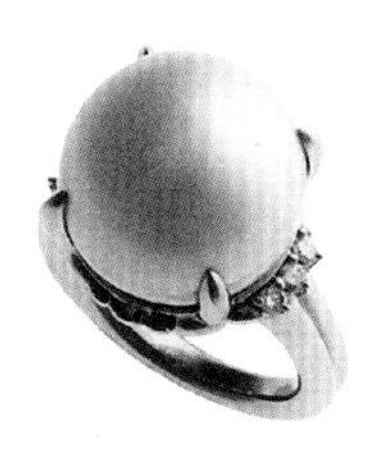

△ **铂金珍珠戒指**
直径15毫米，重16.9克

△ **铂金珍珠戒指**
直径15.5毫米，重21克

△ **南洋白色珍珠戒指**
直径14.96毫米，重14.65克

△ **铂金珍珠戒指**
直径11毫米，重9.9克

△ **铂金珍珠戒指**

直径11毫米，重14.10克

△ **南洋珍珠戒指**

珍珠直径约14.76毫米

18K铂金镶一颗白色南洋珍珠，珍珠硕大饱满，皮光紧实，晕彩好。配镶46粒圆形钻石，共重0.36克拉。

△ **铂金珍珠戒指**

直径11毫米，重14.72克

△ **铂金珍珠戒指**

直径10.5毫米，重15.3克

（1）公主式戒指

镶有一颗较大的珍珠或几颗颜色、形态相适应的珍珠，周围有若干碎钻或小珠宝作陪衬，款式新颖而复杂，如同群星托月，显示出华贵的气质。戒指造型既高贵大方，又稳健高雅。戒托以黄金和铂金为主，显得富丽堂皇。

（2）鸡尾酒式戒指

采用多种不同的名贵珠宝与珍珠配镶而成，色彩绚丽，以便与色彩斑斓的鸡尾相互辉映。戒指造型具有创新意识，富有超前时代的美感，还可以是艺术型或自然型，不受传统限制。款式自由活泼，多用于社交场合。

（3）一元式（素身式）

一颗珍珠镶在贵金属戒指上，突出单个珍珠特征，显得小巧玲珑、简约大方，能适应各种场合的需要。单颗珍珠各种颜色均可，直径一般在8毫米以上，形态以圆形为好。

珍珠戒指选择、佩戴建议：修长而纤细的手指应当选择粗线条的戒指款式，会使手指显得更秀气。而较粗的手指则应佩戴镶嵌单粒大珍珠的一元式或豪华型戒指，突出对戒指本身的注意，以掩饰手指视觉效果不佳的缺憾。对于手指短小、骨节突出的手型，宜选择不对称的戒指，可分散对手指的注意力。修长而纤细的手指，宜选用椭圆形珍珠戒指等，并在同一手指上配以多只细的指环，横的条纹与修长的手指配衬，可增加手的魅力。手指短小者，可以选用镶有单粒珠宝的戒指，款式为橄榄形、梨形、椭圆形或“V”字形等流线形造型为主，强调纵线感觉，这样能使手指看来较为修长。手指丰满且指甲较长，可选用圆形、梨形及心形的珠宝戒指，也可选用大胆创新的几何图形。佩戴珍珠戒指时，还应该注意珍珠的色彩与肤色相协调，使之更加美观。

3 | 珍珠耳饰

一直以来，耳饰都是女性耳垂上特有的饰品，也是最能让女人增添妩媚、娴雅女人味的首饰。对于首饰设计师而言，耳饰是其永不枯竭的灵感来源。无论是保守还是前卫，简约还是复杂，总能表现出新的意境。

耳饰品种繁多，较为常见的是耳环、耳坠、耳钉。耳饰的主要作用是通过长度、款式和形状的正确运用来调节人们的视觉，掩饰脸型缺陷，达到美化形象、画龙点睛的目的。其真谛在于能够与个人的气质、脸型、发型、着装以及周围的环境等融为一体，而达到最美的装饰效果。充满动感的耳饰可衬托出佩戴者的妩媚动人，也可令原本平淡无奇的形象显得轮廓分明，气度不凡。

由于珍珠是纯洁、吉祥、美丽和高贵的象征，因而用珍珠制作的耳饰更受到国内外广大女性的青睐。

传统型珍珠耳饰的款式简单，造型基本上是按照传统的模式，只是在某些地方进行了一些改进及完善，或是在选材方面有所不同，主要适合中老年消费者佩戴。而现代珍珠耳饰则在传统款式的基础上进行大胆改进，摆脱了传统首饰设计制作上的束缚，标新立异，因此颇受青年女性的欢迎。近年来，根据人们对首饰追求新奇的心理，开发出与传统产品大相径庭的珠贝产品，造型新颖，佩戴时别有一番韵味。现代珍珠耳饰产品式样繁多，形态各异，尤以耳坠最为变化万千，不胜枚举。

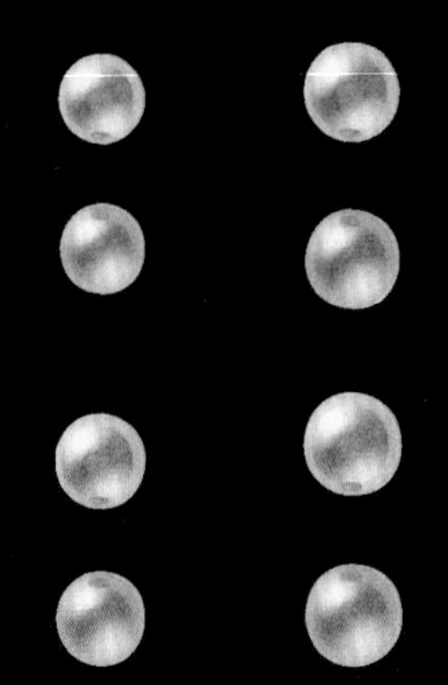

△ **18K金珍珠耳钉**

直径分别为12毫米、12.1毫米、12.2毫米、12.3毫米

△ **铂金镶白色珍珠耳环**

一对18K铂金镶珍珠耳饰，各配16.4毫米白色南洋珍珠，配1.75克拉白碎钻。

△ **18K金南洋珍珠耳钉、挂坠套装**

南洋金色珍珠挂坠和耳钉，珠体饱满，圆度好，珠皮厚重，珠光耀眼。

◁ **白色南洋珍珠项链及耳环套装**

项链珍珠直径为16.0毫米～19.37毫米，耳环珍珠直径为18.04毫米，项链长约460毫米

此珠串由25颗白色南洋珍珠串联而成，配以18K黄金镶钻链扣及耳环（一对），通体浑圆，珠面几近无暇，雍容华贵。

△ **18K金大溪地黑珍珠耳钉**

大溪地的黑蝶贝培育了绝美的黑珍珠，稀少、独特的光泽令黑珍珠成为神秘、优雅的代言人。此对黑珍珠为无暇级别，光泽夺目，款式设计另辟蹊径，佩戴效果极佳。

一般来说，长脸型的女性比宽脸形的女性佩戴耳饰的视觉效果好，可佩戴圆形耳饰或大的耳饰来调节面部形象，使脸部丰满动人；椭圆形脸型者，各种款式耳饰皆可佩戴；圆形丰满脸型者宜戴长而下垂的方形、三角形、水滴形、叶片形的垂吊式耳饰，在视觉上可以造成修长感，显得秀气；瘦长脸型者宜佩戴钮扣型或大而圆款式的耳饰，可使脸部显得较宽；方形脸型者，适宜佩戴长圆形或卷曲线条吊式耳饰，或选择佩戴小巧玲珑的耳钉或狭长的耳坠，可以缓和脸部的棱角感；三角形脸型者宜戴上窄下宽的悬吊式耳饰，使瘦尖的下颌显得丰满些。

耳饰还应与发型相协调，才能更好地体现其装饰效果。长发与长链型珍珠耳饰搭配，让耳饰在轻盈飘逸的发丝中若隐若现，倍增柔和婀娜之感，彰显淑女的风采；短发则宜与精巧的圆形珍珠耳钉搭配，或选择水滴型的珍珠耳坠，以衬托女性的精明干练。不对称的发型与不对称的耳饰搭配，可使人赏心悦目。

◁ **金色南洋珍珠项链、耳环套装**

项链珍珠直径为9.94毫米~13.63毫米，耳环珍珠直径约11.22毫米，项链长约450毫米

此项链由37颗光滑浑圆的金色南洋珍珠串联而成，18K黄金珠扣，配以耳环，金碧辉煌，满目生辉。

▷ **养殖珍珠配钻石项链及耳环套装**

4 | 珍珠胸饰

广义上包括胸针（又称胸花）及胸坠、纽扣、别针、领带夹等。

（1）珍珠胸花

胸花，也称胸针或扣针，多为女性所专用。在女性胸前显眼的位置别一枚精美的珍珠胸花，可充分展现女性妩媚、温柔的独特风韵。特别是当衣服的设计比较简洁或颜色较为素雅时，别上一枚色彩鲜艳的胸花，常常会产生意想不到的效果，可使整套装扮顿时活泼起来，充满动感。

胸针的样式与色彩、佩戴的位置，应与服装以及穿着的场合保持和谐。将构思巧妙、设计精致的珍珠胸花别于衣领处，可在精明干练中显示出女性的妩媚与高贵的气质。形象生动、结构严谨的珍珠胸花更能充分地显示出珍珠高贵、雅致的特色。近年来，采用各种色泽不同、形态各异的珍珠设计制作的胸花饰物，具有浓厚的现代生活气息，深受时尚女性的喜爱。

（2）珍珠领带夹

珍珠领带夹能使人显得高贵，又有气派，所以备受男士推崇。其款式包括鱼夹式和压簧式两种。产品在突出珍珠的基础上，辅以钻石、翡翠等高档珠宝，用料考究，做工精细，佩戴起来熠熠生辉，倍显尊贵。

领带夹选购时要考虑到如果穿着单色的衬衣和打着比较素雅的领带时，宜选择嵌有珠宝的领带夹。同时，还要考虑到珠宝的颜色要与衬衣、领带的颜色相协调、和谐，这样更能突出领带夹的装饰效果。

△ **18K铂金珍珠胸针**

重16.81克

△ **粉色珍珠配镶钻石花朵形胸针**

胸针长度约为95毫米

18K铂金镶嵌粉色珍珠，晕彩美轮美奂，配镶钻石，制以花朵形，灵动美丽，雅致脱俗。

◁ **海螺珍珠花朵胸针**

配以彩钻及钻石，镶18K铂金，胸针长度109毫米。

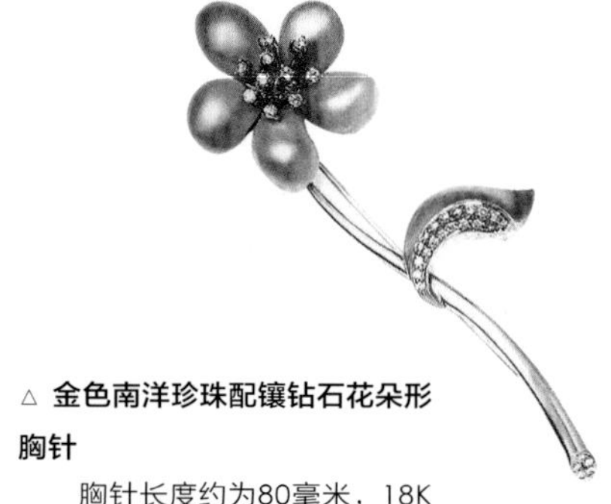

△ **金色南洋珍珠配镶钻石花朵形胸针**

胸针长度约为80毫米，18K黄金镶嵌金色南洋珍珠，制以花朵造型，曼妙可爱，配镶钻石，璀璨夺目。

△ **珍珠钻石手链**

珍珠直径约10.6毫米～11.36毫米

18K铂金镶6粒白色珍珠，珍珠圆润有光泽，粒粒饱满，珠与珠之间均由钻石花相连，钻石花分别由24粒马眼形钻石、24粒梨形钻石和48粒圆形钻石组成。

5 | 异型珍珠首饰

异型珍珠首饰是近年来珍珠饰品中“异军突起”的一枝奇葩，也是首饰设计师的新宠。原本因各种原因而不规则生长形成的异型珍珠，通过首饰设计师的奇思妙想，仅略作修饰，甚至是直接将那些奇形怪状的异型珍珠串联起来，立刻变成一件风格迥异的装饰品。它天然不规则的形态、独一无二的韵味是其他珠宝所不可比拟的。在这个崇尚自我、张扬个性的时代，相比那些传统的珍珠首饰，这种另类的首饰更能激发时尚青年的兴趣，也更能迎合时尚潮流。异型珍珠首饰的形式不拘一格，无特定的搭配模式，通常保留珍珠的天然形状，不做进一步的雕琢，主要根据其自身的形状特点，并配以其他珠宝，顿时变成令人爱不释手的精巧首饰，让人不由感慨大自然造物的鬼斧神工。这些纯粹来自大自然的神秘礼物，正好满足了现代人企盼重返自然、追求淳朴的内心需求。

6 | 珍珠摆件

珍珠摆件是由各色小颗粒的椭圆形珍珠相互串联制作而成，或按特定图案缝制于软质内囊上而成，多为一些具有传统喜庆和象征意义的题材。由于体积较大，主要以装饰及观赏为主，常摆放于客厅或玻璃橱里陈列。珍珠摆件设计奇巧，工艺精良，所制成的饰品形态各异、栩栩如生，可兼有珍珠的圆润与玉雕的神韵，是居家收藏、庭院装饰与馈赠宾朋的理想选择。一件工艺精湛、用料上乘、形体悦目的珍珠摆件，放在居室或客厅里，定会使满堂生辉、典雅盎然。

三 珍珠的鉴别

现代鉴别珍珠以扫描电镜、透射电镜、电子探针和X射线衍射分析、谱学分析等先进方法，快速而准确，但这些方法多属破坏性，只有作专门科学研究，且样品多的情况下采用。而在一般商贸市场中采用肉眼观察和简易设备相结合的方法更为实际与可行。

1 | 天然珍珠与养殖珍珠的鉴别

确切的区别天然珍珠和人工有核养殖珍珠是珠宝鉴定的一大难题，唯一的区别在于珍珠内是否有“核”。

内窥镜法：20世纪初期，英国人用内窥镜法快速鉴定珍珠获得成功，其具体方法是用一个细小的探镜由珍珠的打孔处伸入珍珠内部观察，若是天然珍珠，则无核，呈同心圆层状结构；而人工养殖珍珠有核，核与外层之间有一条褐黑色的痕迹。但后来，由于商界不再制造这种内窥镜，故此法失传，仅在伦敦和巴黎的老实验室中使用。

X射线法：一般淡水养珠在X射线的照射下会发出强荧光。天然珍珠除澳大利亚产的发微弱的黄光外，其他地区产的均不发光。X射线法是一种破坏性的鉴定方法，因为珍珠多呈浅淡的白色、粉红色，如果放在X射线照射下会造成晶体缺陷，使珍珠变黄变暗。一串价值不菲的美丽珍珠，在未鉴别其真伪之前，就受到不可逆转的损害，实在不值得。为此，一般不使用此法。

肉眼鉴别法：天然珍珠和人工养珠在荧光、密度上有些差别。但鉴于珍珠色泽淡雅容易污染，在鉴别的过程中还是借助肉眼鉴定最为安全。具体步骤如下。

将珍珠放在一个由小孔射出来的强光源下转动观察，天然珍珠结构均一，而人工养珠有核，可见到珠母灰、白相间的条带。由珍珠钻孔的地方向内放大观察，人工养珠的珠母与珍珠层的结合处有一条褐色线迹，有时明显可见珠母和珍珠层。一般情况下珍珠层较薄，仅有0.5毫米～2毫米，用针触动可掉下鳞片状粉末，人工养珠透明度好，具半透明的凝胶状外表。其原因在于珍珠层薄，珠母和珍珠层的结构不同，当光线照入其中，造成入射光的反射，反射光回到珍珠层后

△ **南洋白色珍珠吊坠**
直径10.07毫米，重14.4克

△ **大溪地黑珍珠吊坠**
直径19.68毫米，重25.6克

又增加了亮度，而天然珍珠结构均一，没有入射光的反射现象，故透明度差，多呈凝重的半透明状。日本海水有核养珠常具有浅绿色和凝胶状外貌。

琵琶珠（无核养珠）多呈椭圆和不规则形态，在钻孔处可见较多的珍珠薄层。用细针触动，可掉下晶莹的鳞片状粉末。在钻孔处也可见到中间的空心。如果琵琶珠没有钻孔，在强的透射光下观察有中空的迹象。

2 | 染色珍珠及赝品的识别

染色珍珠：一般颜色的珍珠均不改色，但如果见到较罕见的灰黑色、黑色珍珠，就应引起警惕。因为可能是染色的。目前所知染色方法是，将珍珠放入硝酸银溶液中浸泡，取出后放在强阳光下晒，即变成黑色。

区别的方法是：天然黑珍珠并非纯黑色，而是略带彩虹样闪光的深蓝黑色，或带有古铜色调的黑色。染色珍珠颜色均一、光泽差，呈灰黑色和黑色。如用布蘸点5％浓度的稀硝酸擦洗珍珠，则布上会有黑迹。

赝品：即人工制造的假珍珠（又称仿制珠），制造方法一般有3种。

（1）充蜡玻璃仿制珠

在空心的圆形乳白色玻璃小球中充满石蜡。这种仿制珠密度小，一般低于1.5克/立方厘米，用手一掂即可区别。用细针探测球的内部有软感，外层针刻不动，表面光滑。

（2）珠母镀层仿制珠

在珠母小球表面涂上一层“真珠精液”，用15倍放大镜在钻孔处观察，仅见一层极薄的“真珠精液”薄层，用针拨动会成片地脱落，在透射光下可见内核条纹。

（3）塑料镀层仿制珠

在乳白色塑料珠外镀一薄层“真珠精液”，用放大镜观察镀层表面呈均匀分布的丘疹状，不如天然珍珠或养珠那样贴实平整。用针挑拨，成片脱落，不见细小粉末。

以上赝品除用肉眼观察外，其他的鉴定特征还有不溶于盐酸，用两粒赝品对着摩擦具光滑感，在偏光器下观察呈均质性。而天然珍珠和人工养珠在偏光器下显非均质性，用两粒珍珠相对轻轻摩擦有砂粒感。

四 珍珠的收藏投资

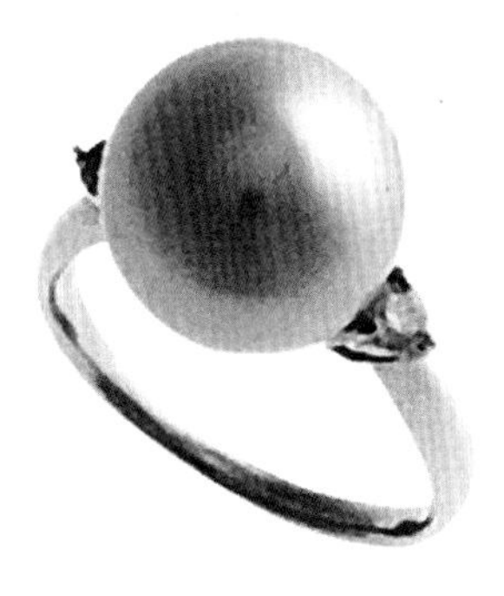

△ **18K金珍珠戒指**

直径11.8毫米，重4.83克

△ **18K金珍珠戒指**

直径12.1毫米，重10.38克

△ **18K铂金珍珠戒指**

直径7.2毫米，重9.1克

△ **彩色珍珠项链**

最大颗珠粒直径约为12.64毫米，珠链长度约为480毫米

此项链由36颗大溪地和南洋海水珍珠串联而成，圆润饱满，珠面光滑无暇，颜色鲜艳，焕彩曼妙。

△ **珍珠项链**

长460毫米，直径11.6毫米～14.8毫米，重106.6克

△ **白色南洋珍珠项链**

最大颗主石直径约为18.51毫米，珠链长度约为470毫米

此项链由27颗白色南洋珍珠串联而成，珠粒饱满硕大，晕彩熠熠，配以黄金镶钻链扣，雍容华贵。

◁ **18K铂金珍珠戒指**

直径9.2毫米，重11.3克

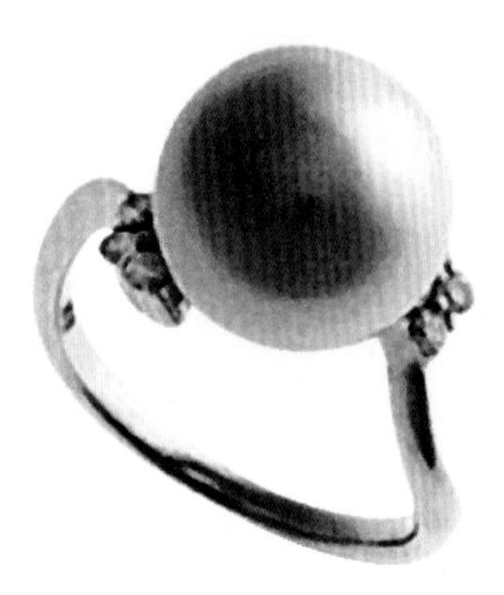

△ **18K金珍珠戒指**

直径11.7毫米，重5.53克

△ **金色南洋珍珠配天然红珠宝项链**

珍珠直径为10.5毫米～13.5毫米，项链长约620毫米

项链由37颗金色南洋珍珠串连而成，圆润厚重，宛如凝脂。

▷ **金色南洋珍珠项链**

珍珠直径约为12.9毫米~15.8毫米，项链长约为470毫米

项链由31颗金色南洋珍珠串连而成，温润莞尔却又不失华贵雍容。

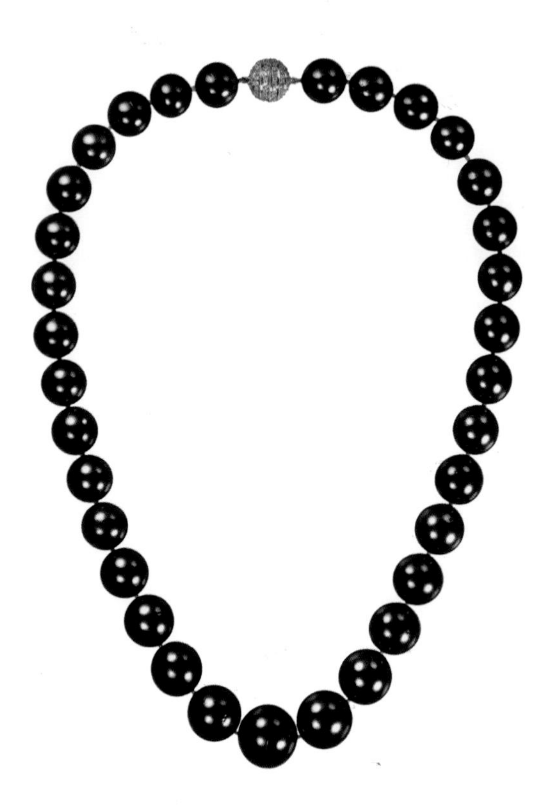

△ **南洋珍珠项链**

珍珠直径为12.3毫米～16.4毫米，钻石重0.61克拉

33颗南洋黑珍珠串成单串项链，珍珠大而饱满，均伴有晕彩。配镶有118粒圆形钻石的18K铂金球状扣，典雅高贵。

购买珍珠，除了要弄清商品珠的这些名称外，还要注意以下几点。

明确您欲选购的究竟是哪一类珍珠，是天然珠还是养珠?是海珠还是淡水珠？显然，它们的价格会有很大不同，千万不要用买天然珠的价格去买养珠，更不要误买了仿珠。

同一品种珍珠，由于品质七要素（包含颜色、形状、光泽、透明度、大小、表面光滑度、是否配对七要素）的差异也可以有悬殊的价格差。所以，您应谨记珍珠分级评价的这7要素，才不会买到价高但等级低的珍珠。

购买黑珍珠或彩色珠时，除了要辨别它们会不会是人造仿珠外，还要注意它们的颜色是不是天然的。那些人工着色的珍珠，其价格与天然珍珠是不可同日而语的，而且，有些染色珠还会褪色，甚至可能在的衣服上留下痕迹。

天然珠和养珠的鉴别是有很大难度的。前面虽然介绍了一些鉴别的方法，但却不是百分之百的可靠。最可靠的方法是使用X光。所以，对于那些价格昂贵的珍珠，应该请专门机构进行鉴定，以免造成损失。

△ **南洋金色珍珠项链**

珍珠直径为10.28毫米～12.58毫米，项链长约425毫米

由37颗南洋金色珍珠组成，珍珠颜色均一，颗粒饱满，皮光紧实。整串项链富贵高雅。

△ **白色南洋珍珠项链**

珍珠直径为14.1毫米～17.1毫米，项链长约440毫米

项链由29颗南洋珍珠串连而成，配以18K铂金镶嵌钻石的链扣，简约典雅的设计，宛如夜空的明月落入凡间，明洁夺目，圆滑丰润。

五 珍珠饰品的保养

珍珠首饰的品质、款式各异，佩戴时必须十分熟悉所戴珍珠的性质和特点，尤其是弱点，才能小心防范和避免损坏。下面从几个主要方面，介绍常见的珍珠防护、保养措施。

1 防摩擦、防刻画

珍珠的特点之一是质软，其硬度只有2.5 ~ 4.5，如若反复被硬物摩擦、刻画，则会损害表面的平滑及光洁度和亮度，会使珍珠首饰失去美感。在存放时，应把首饰分别用软布包裹放入首饰盒中。严禁把珠宝首饰与珍珠首饰混在一起，易产生相互摩擦，应分别各自装入首饰盒中。在进行X射线透视检查、剧烈活动或做家务时应脱下首饰。多风季节不戴首饰为宜，以免沙粒吹打，日久造成珍珠光泽暗淡。

2 防碰撞、防摔打

所有的珍珠首饰都经不起摔，一摔就会造成不同程度的损伤，甚至表层脱落。所以佩戴时应尽可能小心，防碰撞、防摔打。

3 | 防腐蚀、防与有害物质接触

因珍珠主要成分为碳酸钙（C_aCO_3），遇酸易分解。汗液偏酸性，夏季多汗，因此佩戴后应常用温水冲洗，并注意不要与汗水、香水、化妆品、发胶（因具酸性）等接触，忌与有色液体接触（如红药水、紫药水等），以防其染上难以清洁的颜色，造成变色、失去光泽。

4 | 防太阳光暴晒、防近火

珠宝，特别是珍珠首饰长时间暴晒或近火高温下会变色，失去水分和光泽，甚至龟裂，加速老化，对此切莫粗心大意。

每当珍珠首饰沾染上污物时，可用清水或很稀的中性洗涤液慢慢清洗，然后用很柔软的羊皮或绒布擦干，置于安全之处保存。一般而言，优质天然珍珠可保存几百年时间，养殖珍珠的保存时间也在100年～200年。

第六章

猫眼石鉴赏与收藏

一 猫眼石的特性

△ **猫眼石戒指**
重10.239克

猫眼石是一种铍铝氧化物，化学式为$BeAl_2O_4$（铝酸铵晶体），并常有铬、铁、钛等微量元素混入。晶体结构属于斜方晶系，常形成厚板状或短柱状的晶体。有趣的是，它还常形成由三个晶体穿插在一起的所谓“车轮式”穿插双晶以及两个晶体并生的楔形双晶。有的晶面上可见有相互平行的晶面条纹。

△ **猫眼石戒指**
配以钻石，镶铂金。

猫眼石常呈黄—黄绿色，也有的呈灰绿、褐—褐黄、棕、紫褐、紫红、橙黄等色。在成因上，猫眼石与绿柱石关系密切，均大多产在伟晶岩里，互相伴生，因此，常被误认为是金色绿柱石，故有猫眼石之名。其实，猫眼石在许多性质上优于绿柱石。如它的折射率比绿柱石大，为1.746～1.755，因此它比绿柱石具有更强的光泽；它的硬度也比绿柱石大，可达摩氏8～9；密度也较大，约3.73±0.02。它虽有3个方向的解理，但不发育，属于不完全解理，加上猫眼石在自然界的产量比绿柱石少得多，所以，它完全够得上珍贵珠宝的资格。不足的是，它缺乏色彩艳丽的品种，所以除了具有特殊光学效应的猫眼石和变石外，普通的猫眼石并没有被列入珍贵珠宝之列，知名度也相对较低。人们常常把普通猫眼石等同于金色绿柱石来处理。

△ **猫眼石戒指**
重55.43克拉
配以钻石，镶铂金。

二
猫眼石中最名贵的品种

变石是猫眼石中最名贵的品种，之所以称其为变石，是因为它在不同的光源条件下会改变颜色。有人形容说它是“白天里的祖母绿，黑夜中的红珠宝”。然而，事实上最好的变石，它的颜色也无法达到祖母绿的绿色和红珠宝的红色。在它的颜色中总是带有或多或少的褐色调，而使色彩的艳度降低。尽管这样，由于它特殊的变色效应，仍使人们对它格外青睐，尤其是在俄罗斯，人们对它更是有着特殊的偏爱。

说起俄罗斯人对变石的偏爱，还有着一段历史典故。据说，变石最初于1830年在俄罗斯的乌拉尔山区发现。发现时恰逢沙皇亚历山大二世的生日，故人们就将它命名为亚历山大石（变石的英文名称即为Alexandrite，音译为亚历山大）。再者，变石的红、绿两种变色，又恰好与俄国皇家卫队的代表色吻合。所以，在这一历史文化渊源的影响下，俄罗斯人就对变石格外宠爱。

变石为什么会有这种奇异的变色效应?说起来道理也很简单。人们大多有这样的经验：灯下不观色。因为灯光的颜色会影响我们对物体颜色的判断。变石的变色实际上就是灯光影响的结果。再深入地讲，物体的颜色取决于它能透射或反射光波的颜色。一种物体由于其物质成分和内部结构方面的原因，对入射光的各个波段会产生不同程度的吸收。如果它能吸收有色光中的黄绿青蓝紫光，而让红光透射或反射出来，我们看到的这个物体就是红色的；如果它能吸收其他色光，而不吸收绿光，我们看到的物体就是绿色的。我们还知道，不同的物体对色光的吸收能力也不同。例如，在很强的绿色光下，即使本来会吸收绿色光呈现其他颜色的物体，也会因为此时绿色光太强，无法全部吸收掉，而把多余的绿色光透射或反射出来，并呈现为绿色。变石的变色原理就与这种现象有关。由于变石对色光的吸收，介于红珠宝和祖母绿之间，它能透射或反射的色光波段正好位于红光和蓝绿光的波谱范围内，而且两者的透射或反射能力相近，因此，它的颜色在一定程度上便取决于入射光中各色光的能量分布。在白天，变石处于日光下，由于日光中以短波光占优势，就使变石透射或反射出较多的绿色光，从而呈现了绿色；夜晚，在灯光下，因灯光较富波长较长的红

△ **天然亚历山大变石猫眼配镶钻石戒指**

主石尺寸约为10.08毫米×12.71毫米

18K铂金镶嵌9.95克拉天然亚历山大变石猫眼，眼线细直明亮，不同光照下呈现不同色泽，配以钻石，美轮美奂。

△ **铂金猫眼戒指**

重12.4克

△ **天然金绿猫眼配镶钻石戒指**

主石尺寸约16.26毫米×16.96毫米

18K铂金镶嵌30.2克拉天然绿猫眼，配以璀璨钻石，眼线明亮，珍奇华美。

光，所以，变石便透射或反射出红色光，而呈现为红色。其实，具有类似变色效应的珠宝并不只限于变石一种，只不过它们大多没有变石那么显著而已。

评价变石的优劣，也首先着眼于它变色效应的好坏，是否显著、强烈。其次，看它的颜色是否艳丽纯正，日光下颜色越接近祖母绿越好，灯光下则越接近红珠宝越好。再次，要考察它的净度，由于变石的形成条件使它几乎都有或多或少的包体，即瑕疵，因此，那些相对洁净、少瑕疵的就显得十分难得。最后，在加工工艺上，变石大多被加工成标准圆钻型或祖母绿型，由于变石具有明显的多色性，若方向选择不对就会干扰变色效应，所以，磨制时必须正确定向，使其台面能正确显示出绿色和红色的变色效应。

在粒度上，大多数变石颗粒偏小，其琢型珠宝一般以0.3克拉~0.4克拉为主，晶体很少有超过5克拉以上的。但俄罗斯圣彼得堡费尔斯曼

△ **猫眼石、钻石及黄钻蝴蝶胸针**

胸针阔度5.4厘米

镶18K铂金及黄金。

博物馆存有乌拉尔产的变石晶簇，单个晶体尺寸为6厘米×3厘米，整块晶簇尺寸为25厘米×15厘米。美国华盛顿斯密逊博物馆存有3颗斯里兰卡产的变石，分别重65.7克拉、16.7克拉和11克拉。英国伦敦大英自然历史博物馆也存有两颗来自斯里兰卡的变石，分别重43克拉和27.5克拉。

俄罗斯是世界上最优质变石的主要产地，可惜历经多年开采，矿源已经枯竭，市场上很少能看到。当今市场上的优质变石主要来自斯里兰卡，它的特点是白天多呈黄绿至褐绿色，灯下则呈褐红色。除此之外，还有少量来自巴西、坦桑尼亚和津巴布韦等地。其中巴西产的质量较差，变色一般不强。

在国际市场上，一颗重2克拉~3克拉的优质变石，其售价大约为2000美元~3000美元／克拉；而质量差的，即色差、变色不强的，一般每克拉为100美元左右。

天然变石产出的稀少和昂贵的价格，促使其合成品的研制不断。已知合成变石有3种方法，其中最常见的是采用晶体提拉法生产的。这种合成变石由于具有弧形生长纹而较易鉴别。但另两种方法生产的合成变石，即助熔剂法和区域熔炼法生产的合成变石，则十分难以鉴别，不仅对于普通爱好者来说是无法识别的，就是对专家们来说，若仅利用普通的检测仪器也往往难以识别。较可靠的方法是利用大型的红外光谱仪，它可以根据有无水的谱线存在来区别之。合成变石是高温熔融状态下制成的，不含水，而天然的则或多或少地含些水。

变石还见有一些廉价的仿制品。一种是用含钕的变色玻璃制成，它会呈现出粉红和浅蓝色的变色。还有一种是假三层石。它用无色水晶制成冠部和亭部，中间夹一层会变色的滤光胶片。另外，还见有用合成变色蓝珠宝和合成变色尖晶石来冒充的。前者在日光下呈灰绿-淡蓝灰色，灯下呈紫红-似紫晶紫色；后者的变色效应与变石正好相反，日光下呈红色，灯下为黄绿色。应该说要鉴别这些仿冒品并不困难，只要细心，不仅它们的主要物性与变石有异，就是变色的特征也与变石不同。

三 猫眼石的评价

在这些形形色色的猫眼中，以猫眼石猫眼的效果最美。因此，珠宝界已达成这样的共识：如果只提“猫眼石”这3个字，那么它应该只指猫眼石猫眼；若是其他种类珠宝的猫眼石，则必须在“猫眼石”一词前面冠上该珠宝的名称，如海蓝珠宝猫眼、碧玺猫眼等。

评价猫眼石的优劣，一般可从以下4方面着手。

第一，猫眼石中的眼线（即光带）必须极其清晰且锐利。即在自然光线下，眼线应是狭窄和清晰的；在聚光灯下，眼线应变得极亮且强烈，有锐利的感觉；另外，眼线应位于珠宝的中央，从这一端点笔直地到达另一端点。

第二，优质猫眼石应该会随着入射光方位的改变，眼线也出现开合的变化，恍如猫的眼睛因光线强弱变化而开合变化一样；而且当眼线“开”时应是2~3条线，“闭”时则为1条线。

第三，优质猫眼石应是干净且呈半透明状的。当入射光不是垂直于猫眼照射时，朝向入射光的一侧应为蜜黄色，而背光的一侧则应呈乳白色。

第四，优质猫眼石的体色以葵花黄为最佳，也可以是苹果绿（黄绿）、蜜黄或深绿。若颜色灰暗，价值就会大受影响。

△ **铂金猫眼戒指**

重11克

△ **猫眼钻戒**

重8.15克

已知猫眼石以斯里兰卡所产的为佳。因此，斯里兰卡猫眼石已成为猫眼石的代用词。事实上，世界上许多优质的猫眼石都来自斯里兰卡。如镶在伊朗国王王冠上的一颗黄绿色猫眼，重147.7克拉。1993年，在斯里兰卡又发现一颗堪称“猫眼石之王”的大猫眼，重达2375克拉，据说，该珠宝已被我国某公司所购。

在斯里兰卡，人们把猫眼石划分为5个等级。

一级：质地莹润，可含少量杂质，但无裂纹，半透明至亚透明，颜色为葵花黄、苹果绿、蜜黄、深绿。在自然光线下眼线集中、细、锐利而强烈。水平移动时，眼线开合自如，有2～3条线。

二级；眼线在自然光线下可以不很清晰，但在强阳光下应清晰明亮，移动时不必有2～3条线的开合。其他条件均符合一级品的品质。

三级：猫眼石裂纹较多，但眼线清晰度及色泽的条件和二级相同。

四级：眼线较散，在聚光灯下亦少见清晰明亮的眼线，且珠宝质地不均匀，颜色灰暗。

五级：几乎不见眼线，且杂质裂纹很多。

值得指出的是，猫眼石与变石同属猫眼石，因此，在一些特殊条件下，两者有可能同时表现在同一珠宝上。遗憾的是，在大多数情况下，最好的猫眼效应的正确定向与最好的变色效应的正确定向，是互相冲突的。即当猫眼清晰时，变色却不明显，而变色强烈时，眼线却变宽、变模糊。不过，在极个别情况下，也可看到有两者统一的时候。当然，这样的珠宝，其价格将会倍增，成为收藏家们争夺的珍品。

猫眼石有一种用玻璃纤维仿制的仿猫眼石。它还可以制成各种不同的颜色，或制成直径20厘米左右的仿猫眼球。有的还会特意把猫眼线制成“S”形，或闪电形“（”。不管是哪一种，在大多数情况下，使用10倍放大镜从垂直眼线的侧面进行观察，都能看到它具有蜂窝般的结构，这实际是一根根玻璃纤维集合束的横截面。而正常的猫眼石是绝不会出现这种情况的。故据此足以识别之。

另外，我们已经谈到，自然界具有猫眼效应的珠宝不下几十种，不了解的人也可能把它们当作真猫眼石。其实这些具有猫眼效应的珠宝，由于珠宝品种与真猫眼石（即猫眼石猫眼）完全不同，不难从物理性质，如折射率、密度、硬度上区别之。

四 猫眼石收藏投资

收藏投资猫眼石应注意哪些问题呢?

首先您应该知道，猫眼石共包含3个主要品种，即普通猫眼石、变石和猫眼石。

△ **铂金猫眼戒指**
重8.9克

△ **铂金猫眼戒指**
重8.7克

普通猫眼石是猫眼石中知名度最低的品种。由于它色泽一般，缺乏令人爱不释手的艳丽色彩，加上知名度低，所以，它一向只具有中档珠宝的价值。但有些人指出，猫眼石的其他一些性质，如折射率、硬度等足以与贵重珠宝媲美，加上它在自然界中产出稀少，因此，随着人们对它认知程度的提高，它应该会具有较大的升值潜力。

变石是猫眼石中价值最高的品种。选购变石，首要的是看它的变色效应是否明显；其次看它的美丽程度，是否红得接近红珠宝，绿得近似祖母绿。还有，变石的大小对价值的评估也很重要。变石的琢型珠宝大多较小，尤其是优质的变石，更是很少能超过1克拉，因此，大颗粒变石的价格自然会成倍增长。

变石虽然没有发现有人工优化处理的制品，但却有十分成功的难以辨识的人工合成品，所以，购买变石必须多留个心眼。另外，变石还有好几种廉价的仿冒品，识别它们的一个最重要标志是它们的变色特征与变石不同，不是白天绿色，晚上红色。

猫眼石从价值角度讲，比变石要低一截，但优质猫眼石的价格仍可达每克拉几千美元，故仍应属于珍贵珠宝之列。评价猫眼石的优劣，关键在于眼线是否清、尖锐、开合自如，其次才是它的体色。

虽然自然界有多种也能产生猫眼现象的珠宝，但眼线的清晰度和开合变化大多与猫眼石猫眼无法相比，自然在价格上与猫眼石猫眼也有着悬殊的差别。

值得注意的是，在市场上曾经发现经人工处理的猫眼石具有放射性。对于这种处理品，不仅不要用天然品的价格去购买，更要警惕它的放射性有可能对人体带来伤害。遗憾的是，对于这种产品我们还不清楚它有哪些鉴别特征，所以，为了保险起见，您若购买猫眼石，应请检测部门测一测它有无放射性。

猫眼石（包括变石和猫眼石）具有稳定的化学性质，且硬度也较大，所以，一般不易损坏。只要不让它受到剧烈的碰撞或硬物（特别是比它硬的刚玉类珠宝和钻石）的摩擦，就无大碍。收藏时可单独用软布包裹，妥善安置即可。如果猫眼石首饰脏了，可用稀释了的洗洁精轻轻刷洗。

第七章

祖母绿鉴赏与收藏

一 祖母绿的名称

祖母绿——这是一个多么奇怪而有趣的名称，难道这种珠宝和慈祥的老祖母有什么关系吗?其实，祖母绿不仅与老祖母没有瓜葛，而且它还被人们视为是奉献给爱与美的女神——维纳斯的礼物，用于表征忠贞的爱情。曾有一首诗歌写道：“这是一种具有魔力的珠宝，它能显示立下誓言的恋人是否保持真诚。恋人忠诚如昔，它就像春天的绿叶；若是情人变心，它也像树叶枯萎凋零。”

那么，为什么这种珠宝会被人们称为祖母绿呢?据考证，这一名词最初来自波斯语“Zumurud”，原意为绿色之石。后来这个词传入我国，明初洪武年间（1368—1398），陶宗仪在所著的《辍耕录》中，曾将其译为“助木剌”，后来又演化为“子母绿”或“祖母绿”了。

△ **天然祖母绿配钻石戒指**

主石尺寸约7.20毫米×9.74毫米

18K铂金镶嵌2.05克拉天然祖母绿，配以总重1.45克拉钻石及蓝珠宝，镶工精巧，豪华瑰丽。

△ **祖母绿及钻石手链**

手链长度180毫米

镶铂金。

△ **天然祖母绿配镶钻石戒指**

主石尺寸约为9.75毫米×9.43毫米

950铂金镶嵌4.09克拉天然祖母绿，盈盈绿色，鲜亮夺目，配以钻石，设计简约时尚。

△ **天然祖母绿配镶钻石戒指**

主石尺寸约为11.39毫米×8.82毫米

18K玫瑰金镶嵌祖母绿，清澈通透，绿色纯正，配镶钻石，熠熠夺目。

△ **天然祖母绿配钻石手镯**

手镯内径约为56毫米，铂金镶嵌长方形祖母绿密镶钻石，对称相间的颜色搭配，演绎着繁复而精致的奢华。

祖母绿的美丽，使人们很早就认识到它的价值。据说早在公元前2000多年前，古埃及女王克丽奥佩特拉就拥有许多祖母绿珠宝。据说她还拥有以她名字命名的祖母绿矿山。今天，在红海沿岸，人们还可以找到当年开采的遗址，可惜已不再有祖母绿产出。今天，祖母绿用于象征幸运、幸福和青春永驻。

二 祖母绿的识别特征

△ **天然祖母绿戒指**

主石尺寸约为10.94毫米×14.10毫米

18K黑金镶嵌9.68克拉天然祖母绿，配以钻石，富丽华贵。

△ **天然祖母绿猫眼戒指**

主石尺寸约为13.2毫米×11.42毫米×7.86毫米

18K金镶嵌8.26克拉天然祖母绿猫眼，色泽明快，通透饱满，眼线清晰灵活，密镶小钻，简约大气。

△ **天然祖母绿配镶钻石戒指**

主石尺寸约为12.65毫米×10.6毫米×6.02毫米

18K黄金镶嵌4.83克拉椭圆形切割天然祖母绿，奢华大气，富贵华丽。

祖母绿在矿物学中称作“绿柱石”，是一种铍铝硅酸盐（$Be_3Al_2Si_6O_{18}$）。它纯净时本是无色的，但大多数情况下，它会呈现淡淡的黄绿色、浅绿色和浅蓝色。具翠绿色的祖母绿只是绿柱石中相对罕见的一个品种。

据研究，祖母绿之所以会呈现美丽的翠绿色，与微量的铬和钒混入有关，尤其是铬起到了十分关键的作用。当氧化铬的含量达到0.15%～0.2%时，就可使其具有青翠的绿色；若氧化铬含量高达0.5%～0.6%时，则是深绿色。另外，其他一些微量元素，如钒、镍、铁、铋、锰、钪等的加入，则使祖母绿的色调发生多种变化，出现黄绿、蓝绿、褐绿、暗绿等不尽相同的绿色，其中以碧绿清澈者最为名贵。

祖母绿在晶系归属上属于六方晶系，常以典型的六方柱状（即横断面为正六边形的柱体）晶形产出。硬度为摩氏7.5～8。折射率为1.565～1.598，有中等程度的二色性，即一个方向上为浓绿色，另一方向上呈蓝绿色。色散0.014。从这些指标看，它虽然不及红、蓝珠宝，更比不上钻石，但它那令人心醉的绿色，使其仍不失为一种名贵珠宝。自古以来，它就与钻石、红珠宝和蓝珠宝并列为世界四大名贵珠宝。一些优质的祖母绿，售价比普通钻石还高出许多。

△ **天然祖母绿配镶钻石戒指**

主石尺寸约为10.93毫米×10.65毫米

950铂金镶嵌5.28克拉古垫形哥伦比亚天然祖母绿，配以1.03克拉钻石，绿色幽然，令人一见倾心。

△ **祖母绿配镶钻石戒指**

18K铂金镶嵌2.36克拉祖母绿戒指，绿色明媚动人，宛若一抹春水荡漾怀中，配以钻石，时尚瑰丽。

△ **天然祖母绿配镶钻石戒指**

主石尺寸约为29.07毫米×22.85毫米

900铂金镶嵌10.45克拉长方形天然祖母绿，配4.68克拉钻石，颜色艳丽，造型典雅。

△ **祖母绿钻石戒指**

重8.9克

哥伦比亚祖母绿2.5克拉，深绿色，VVS净度；钻石0.8克拉，F色，VS净度，18K铂金。

△ 祖母绿钻石戒指

祖母绿偶见有较大个的晶体。1831年俄罗斯乌拉尔曾发现一个重11000克拉“玻璃”绿色的祖母绿；在世界著名的哥伦比亚木佐矿山，曾发现一个更大的晶体，重16020克拉；而世界最大的祖母绿晶体，于1956年在南非发现，重24000克拉。

另外，人们还发现一个历史上流传下来的用祖母绿雕凿而成的药瓮，重2680克拉，可以想象，在未雕凿前，其重量当不止3～4倍。

△ 祖母绿钻石戒指

祖母绿具有一定的脆性，故常具有大小不等的各种裂隙，所以要琢磨成大颗粒的琢型珠宝就很不容易。伊朗王室曾藏有世界上最多的祖母绿珠宝，据说总数有几千颗，其中不乏超过50克拉的。例如，在巴列维皇冠上就镶有一颗重约100克拉的大祖母绿以及另一颗重65克拉、3颗较小的约14克拉的色彩艳丽的祖母绿。在其王室的宝座上，还镶有一颗更大的重约225克拉的祖母绿，另有4颗重100克拉～170克拉，还有21颗重35克拉～90克拉，真是荟萃了世界上大颗粒祖母绿的精华。此外，在世界一些著名的博物馆中，也藏有一些祖母绿珍品。如俄罗斯莫斯科的金刚石库中藏有一颗深蓝绿色近于无裂纹的祖母绿刻面珠宝，重126克拉；美国华盛顿斯密逊博物馆则藏有3颗分别重37.82克拉、31克拉和21克拉的祖母绿琢型珠宝。自然，这些都是十分罕见的珍品。而在市场上，大部分祖母绿很少能超过1克拉，甚至一些重仅0.2克拉～0.3克拉的刻面珠宝也被用于高档首饰上。

▷ **钯金镶祖母绿及钻石手镯**

钯金镶祖母绿钻石手链可谓收藏界的古董臻品，将巧夺天工的工艺与奢华人气的设计相结合，整体散发着优雅与高贵的气质。

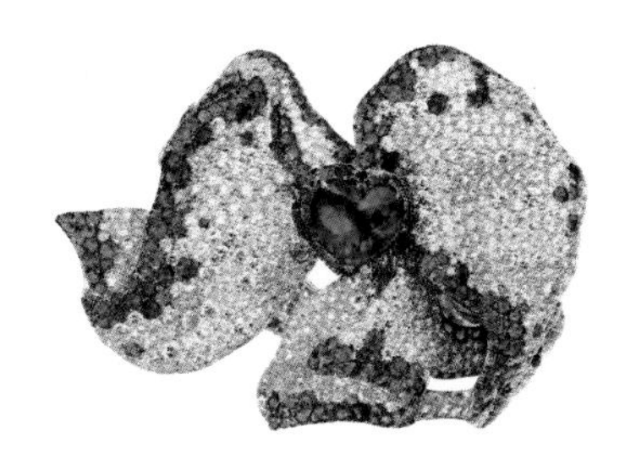

△ **祖母绿配钻石红珠宝手镯**

直径150毫米

△ **祖母绿钻石戒指**

△ **祖母绿配钻石戒指**

祖母绿尺寸为13.76毫米×16.02毫米×8.2毫米

18K金镶嵌1颗9.51克拉天然哥伦比亚祖母绿，甜美优雅的心形切割，充满了女性的柔美与灵性，周围配镶22颗共重0.95克拉的圆形钻石以及44颗共重1.8克拉的梯形钻石。

△ **18K金祖母绿配钻石戒指**

尚比亚祖母绿珠宝，颜色浓烈，主石内部干净。

祖母绿未见有具星光效应的珠宝，但它有一种非常特殊的貌似星光珠宝的变种——特雷皮许（trapiche）祖母绿。“特雷皮许”一词是西班牙语，原指研磨蔗糖用的转轮，此词用于祖母绿是指该种祖母绿具有类似六射星光般的结构。在这种珠宝中，那类似星光的6条臂不是由光学效应引起，而是由物质组成的变化引起。它还根据产地的不同分成两个亚种。一种产于哥伦比亚著名的木佐矿区，它的6条射臂和核心，由富含碳质黑色包体的暗色部分组成，而臂与臂之间则是绿色的祖母绿；另一亚种产于哥伦比亚的另一矿山——皮雅巴林考，它和前者正好相反，6条射臂与核心由绿色祖母绿构成，臂与臂之间则由富含钠长石浅色包体的灰色云雾状部分构成。特雷皮许祖母绿，虽然从色彩的角度看与那些艳丽碧绿的祖母绿相去甚远，但由于它那特殊的构成和美好的象征意义而备受人们的青睐。人们认为，它那6条臂分别代表健康、财富、爱情、幸运、智慧和快乐。

△ **祖母绿钻石戒指**

△ **祖母绿钻石戒指**

▽ **祖母绿钻石手链**

手链长度约180毫米，重17.35克

祖母绿10.02克拉，钻石3.72克拉，18K铂金。中国香港制作。祖母绿因其特殊的晶体结构，是瑕疵最多的珠宝。俗称“世间没有完美的人，也没有无瑕的祖母绿”。而本款17颗祖母绿，清澈透明，色泽艳丽，与以上红珠宝、蓝珠宝手链组成配套系列。风度翩翩，楚楚动人。

△ **祖母绿钻石戒指**

△ **祖母绿钻石戒指**

△ **祖母绿钻石戒指**

三 祖母绿的常见仿品

在珠宝市场上，除可见有优化处理的祖母绿和合成祖母绿外，还常见有多种仿祖母绿的廉价品，显然，若不小心把它们当作祖母绿购入，损失就会很大。

在这些仿冒品中，最廉价的是那些用绿玻璃仿制的，甚至有的就是用绿色啤酒瓶玻璃磨制而成的。还有一种被称为“祖母绿玻璃”的制品，是用祖母绿的小碎块经高温熔融而得。但从性质看，后者与前者没有显著的差别，只是前者常会包有一些小气泡，所以更易识别。

祖母绿也见有用薄层石榴石作顶，用绿玻璃作底的假二层石。对于此类仿冒品，我们仍然可以凭借红圈效应来识别。此外，还有一种被称为“苏达（soude）祖母绿”的半真三层石。这种半真三层石是用浅色绿柱石作顶和底，中间夹了一层绿色的胶层。对于这种仿冒品，从侧面用放大镜仔细观察，常可发现绿色胶层的存在（若将其浸在水中更易看到）。

还见有用人造的绿色钇铝榴石和人工合成的绿色尖晶石来仿冒祖母绿的。要识别这两种仿冒品是比较容易的，因为它们都是光学均质体，没有二色性，而天然祖母绿是有二色性的。

祖母绿的另一类仿冒品，是那些自然界产量较多，价格较低廉的天然绿色珠宝。这也可以依赖一系列性质特征的测定来予以鉴别。

四 祖母绿的收藏与投资

△ **祖母绿配镶钻石戒指**

主石尺寸约为12.56毫米×10.31毫米

18K铂金镶嵌6.24克拉祖母绿带钻戒指，祖母绿颜色明艳，造型典雅。

1 | 祖母绿的供需市场

16世纪以前，祖母绿主要来自埃及和欧洲，是一种深受各国王室青睐的珍贵珠宝。16世纪中叶哥伦比亚祖母绿的发现，才根本地改变了祖母绿的供应。迄今，哥伦比亚仍是世界祖母绿的主要供应地。20世纪70年代末其产量曾占世界祖母绿产量的90%。以后，由于巴西等地祖母绿的发现，使其所占比重有所降低，但其产量估计目前仍占世界的35%左右。又据联合国的资料，哥伦比亚祖母绿矿的可采面积为80万平方千米，而目前正在开采的仅为800平方千米。也就是说，其潜在的祖母绿资源还非常庞大。哥伦比亚祖母绿不仅储量丰富，而且色泽优美，具纯净的绿色，因此被认为是世界顶级的祖母绿，缺点是瑕疵较多，很难找到纯净无瑕的。因此，大多要进行浸油处理，以掩盖其瑕疵。近年来更出现有用树脂、玻璃进行处理的，从而动摇了消费者的信心，致使其价格和销量均有所下降。

◁ **天然祖母绿配镶钻石戒指**

主石尺寸约为9.38毫米×9.36毫米

18K铂金镶嵌2.73克拉祖母绿戒指，翠色媚人，明净悠远，配以总重3.35克拉双层白钻，流光溢彩，优雅悦人。

△ **祖母绿戒指**

玉石尺寸约为14.71毫米~10.1毫米，重15.2克

△ **铂金祖母绿戒指**

重14.79克

△ **祖母绿戒指**

重25.3克

△ **祖母绿戒指**

重39.3克

△ **祖母绿戒指**

重10.2克

△ **18K金祖母绿戒指**

重7.25克

△ **铂金祖母绿戒指**

重10.5克

△ **铂金祖母绿戒指**

重8.6克

巴西是当代世界祖母绿供应的另一主要来源，其产量直追哥伦比亚，大有超越之势。只是巴西祖母绿的品质大多较差，色泽较淡且透明度不足，但颗粒却相对较大，所以常被磨制成重几克拉乃至十几克拉的蛋面型戒面。其价格平均每克拉为10美元~20美元。不过，1988年“新时代”祖母绿矿的发现，使巴西也能向世界提供优质的具有悦目浓绿色，且很少有瑕疵的祖母绿，由其切磨的珠宝价格高达每克拉3000美元。只可惜其产量有限，仅占巴西祖母绿总产量的5%~10%。

非洲南部，包括赞比亚，津巴布韦和南非，是祖母绿的另一重要产区。它们与哥伦比亚和巴西成三足鼎立之势。其祖母绿的品质大致介于哥伦比亚和巴西之间，以津巴布韦所产的较好，具有靓丽的色彩，可惜粒度较小。

马达加斯加是20世纪末新发现的祖母绿产地。据说产有颜色胜似哥伦比亚祖母绿，而净度、透明度又极佳的优质祖母绿。但该矿为以色列人所有，外人甚至不清楚它的具体产地。所产的祖母绿经以色列加工以后，常以哥伦比亚祖母绿的名义出售。

除了上述产地外，祖母绿还来自印度、巴基斯坦和阿富汗，还有俄罗斯乌拉尔及其他一些零星产地。

在我国，迄今仅在云南文山发现有祖母绿资源，可惜品质甚差，大多色泽很淡，呈浅绿色，极少数为浓绿色；透明度普遍不良，颗粒也不大，几乎没有可用于磨制刻面型珠宝的。

祖母绿的琢磨加工，主要集中在印度的贾普尔、伊朗的拉马特目、以色列、哥伦比亚以及泰国等地。

历史上，印度曾经是世界非常重要的祖母绿市场。在17世纪，大量早期的哥伦比亚祖母绿经西班牙转运到这里。当时，印度的贵族和中亚各地的王室贵胄都对祖母绿有着特别嗜好。我们前面谈到的伊朗王室藏有众多的祖母绿，应该多为这个时期从印度辗转流传过去的。后来，印度的没落和中亚各帝国的衰落，使祖母绿市场逐渐转向欧洲。近代，日本和美国成为祖母绿的最大消费市场。除此之外，泰国、新加坡、印度尼西亚以及中国香港和台湾地区对祖母绿也有一定需求，其中我国香港已发展成为祖母绿在亚洲的主要集散中心，日本等地所需的祖母绿大多是经我国香港转口的。

祖母绿在我国内地市场上可以说是刚刚起步，大多数消费者对祖母绿还不甚了解，需求量小，重量不高，少有5克拉以上的，以中低档为主。目前仅北京、上海、深圳少数几个大城市有少量的祖母绿在销售。

2 | 评价祖母绿价值的因素

评价祖母绿的优劣，颜色是第一要考虑的因素。绿色是祖母绿的基本色。一般我们可以将其分为3种：第一种是纯的翠绿色；第二种是带有不同程度蓝色调的绿色；第三种是带有不同程度黄色调的绿色。当然，纯绿色者价值最高，有偏色者价值就会降低，偏色程度越明显，价值也越低。另外，颜色的深浅、浓淡和均匀度，也是人们在评定祖母绿颜色时应予以充分关注的因素。

透明度是评判祖母绿优劣的另一重要指标。越是清澈透明的祖母绿，价值也越高。

祖母绿是一种净度相对较差的珠宝，大多数祖母绿都含有这样那样的包体。另外，由于祖母绿质地较脆，易碎易裂，所以也常包含有大大小小的裂纹。鉴于此，

△ **铂金祖母绿戒指**

重9.66克

△ **天然祖母绿配钻石戒指**

18K黄金及铂金镶嵌约3.72克拉八角形天然祖母绿，镂空镶嵌约2.5克拉美钻在旁，凸显主石的青翠通透，光彩四溢。

◁ **祖母绿钻石戒指**

18K铂金镶一颗祖母绿3.83克拉，颜色翠绿纯正、通透。周围配镶38粒圆形钻石，共重0.56克拉以及8粒马眼形钻石，共重0.7克拉。戒指造型华贵大方。

△ **祖母绿钻石戒指**

祖母绿戒面尺寸约为12毫米×11毫米

PT900铂金镶一颗祖母绿5.72克拉，祖母绿绿色鲜艳、通透。配镶两粒方形钻石共重0.47克拉。戒指款式经典大方。

△ **祖母绿铂金戒指**

总重11.9克，祖母绿5克拉，产地哥伦比亚；钻石1.56克拉，PT900铂金

本款祖母绿达5克拉，且颜色纯正，饱满清澈，周围以大颗粒钻石围镶，更显至尊气派。

△ **铂金祖母绿戒指**

重9.3克

△ **铂金祖母绿戒指**

重16.75克

△ **祖母绿戒指**

祖母绿尺寸约为15.86毫米×16.62毫米

18K铂金镶祖母绿，重19.9克拉，祖母绿为翠绿色，清澈透明，周围配镶34粒圆形钻石。

珠宝商们从不排除把那些即使有肉眼可见瑕疵的祖母绿用于高档首饰上。有人还认为，可以把在10倍放大镜下能看到的包体、裂隙的数量小于珠宝总体积5%的划入一级品；包体、裂隙的数量占总体积5％～10%者为二级品；包体、裂隙的数量占总体积10％～15%者为三级品。

评价祖母绿价值的第四个因素是其克拉重量。我们已经谈过，祖母绿因其独特的矿石结构，经常会含有杂质或裂痕，很难形成大颗粒，3克拉以上即为收藏级。因此，市场上常见的刻面型祖母绿多为小颗粒的。一般按其重量划分为5个等级：0.2克拉～0.3克拉，0.3克拉～0.5克拉，0.5克拉～1克拉，1克拉～2克拉和大于2克拉。自然，等级越高，价值也越高，其中大于2克拉的等级，其克拉单价常会超过普通钻石，而重量最小的0.2克拉～0.3克拉一级，虽然价值相对较低，但也常被用于制作中高档首饰。在一些用祖母绿进行群镶的首饰上，人们甚至还可以看到用0.01克拉～0.1克拉的祖母绿。

最后一个评价因素是切工。祖母绿的刻面型珠宝一般均采用所谓的“阶梯型”。由于此类琢型多见于祖母绿珠宝，所以又叫“祖母绿型”。评价祖母绿切工的优劣，首先要看它的定位是否正确。祖母绿属于六方晶系，具有二色性。为了避免二色性对珠宝颜色的干扰，要求在琢磨时应让其台面垂直于光轴方向（即晶体的柱状方向）。其次要看其长宽比。早在古希腊时期，人们就已认识到，符合“黄金分割律”的造型最具美学价值，因此，好的祖母绿型切工的长宽比也要求符合这个比例，大致为3.7：2.5。再次，看琢型各部的对称程度。最后，看其抛光的光洁度。

除切磨成刻面型，一些透明度较差或裂纹较多的祖母绿也有的被加工成蛋面型。当然，此类祖母绿的价格要低一些。另外，这种加工法也可获得颗粒较大（几克拉到十几克拉）的祖母绿。

3 | 祖母绿的收藏投资要点

△ **祖母绿钻戒**
重18.229克

祖母绿是与钻石、红蓝珠宝并列的四大名贵珠宝之一，居绿色珠宝之首。利之所趋就使祖母绿也和钻石一样，存在3个层次的防伪问题，即天然祖母绿与合成祖母绿的辨别问题；若是天然，是否经过优化处理的问题；其与廉价的仿冒品或代用品的鉴别问题。

合成祖母绿的鉴别具有相当的难度，对于大多数的普通爱好者来说恐怕是无能为力的，应寻求专家或专业鉴定机构的帮助。

祖母绿的优化处理相对比较简单，不像钻石和红蓝珠宝有多种多样的优化处理方法，这使它们的鉴别问题也相对容易一些，只要用放大镜（显微镜更好）耐心仔细地检查，常可发现其处理的蛛丝马迹。

△ **铂金祖母绿戒指**
重12.1克

至于祖母绿的那些廉价的仿冒品，要识别它们也不困难。若能使用二色镜，就足以让您辨别出大多数仿冒品。

按照我国1996年颁布的国家标准的规定，采用浸泡五色油的油处理祖母绿，被认定为属于“优化”，销售时可按天然祖母绿处理，毋须声明。然而，事实上这种处理过的祖母绿并不稳定，油会因受热或时间的关系而干涸，致使本来被油掩盖的裂隙又重新暴露出来，有的甚至还会更加明显。出现这种情况，您千万不要尝试自己也用油来进行重新处理，否则会使情况变得更糟。要知道，用于处理祖母绿的油是一种特制的折射率和祖母绿十分相近的油，而不是普通的食用油。鉴于油处理祖母绿的这一弊病，在选购此类珠宝时，一定要仔细考虑清楚。

△ **方形哥伦比亚祖母绿胸针**
胸针长度58毫米
配以钻石，镶铂金。

祖母绿是一种净度较差的珠宝，瑕疵数量小于整个珠宝体积5%的都被视为1级品，所以，在选购此类珠宝时，不要企图追求无瑕。相反，如果您手中的祖母绿十分洁净，反而应该引起怀疑：它是否是真的天然祖母绿？

△ **梨形哥伦比亚祖母绿耳坠**

耳坠长度62毫米

配以约3.09及3.03克拉圆形浓彩黄色IF-VS2钻石，镶18K黄金。

△ **天然祖母绿耳坠**

耳坠长度45毫米

配以3.01及3.01克拉枕形F/VS2钻石及珍珠，镶铂金。

◁ **珐琅祖母绿胸针 约1880年制**

胸针尺寸约为68.1毫米×62.55毫米，主石尺寸约为17.37毫米×13.29毫米

珐琅祖母绿胸针，造型简约大气，宛如交辉相印的心灵交融相汇，祖母绿清新明亮。

祖母绿虽然硬度可以达到7.5～8，但脆性也很大，极易受外力碰撞而碎裂。所以，收藏和保存祖母绿都应该十分谨慎小心，避免与其他物体相碰。祖母绿首饰脏了以后，也不要用超声波清洗机清洗，避免超声波的振动给珠宝带来不利的影响，可用温水或稀释的洗洁精轻轻刷洗。

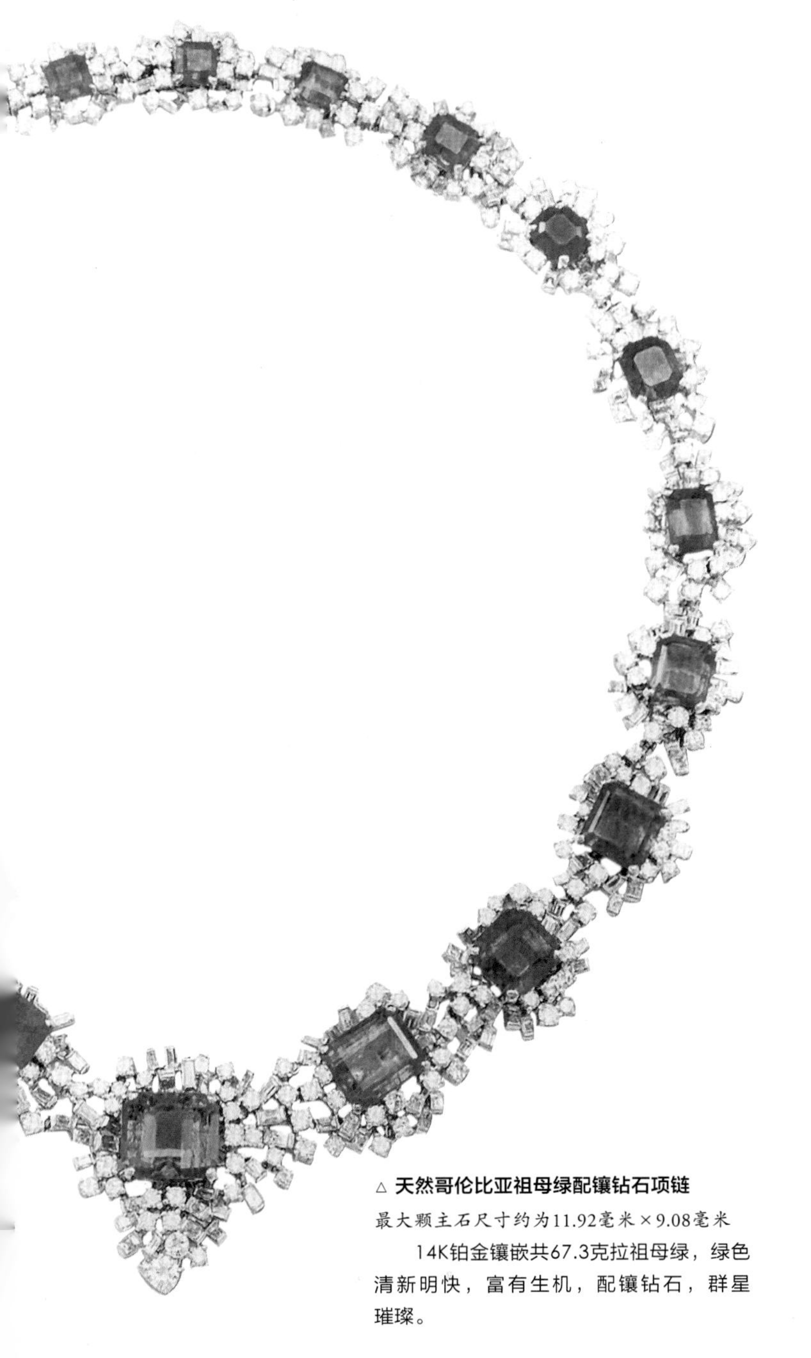

△ **天然哥伦比亚祖母绿配镶钻石项链**

最大颗主石尺寸约为11.92毫米×9.08毫米

14K铂金镶嵌共67.3克拉祖母绿，绿色清新明快，富有生机，配镶钻石，群星璀璨。

△ **巴西祖母绿耳坠**

耳坠长度51毫米

配以钻石，镶18K铂金。

◁ **祖母镶绿配钻石花型胸针**

胸针尺寸约为55.81毫米×35.51毫米

18K黄金镶嵌祖母绿配钻石胸针，雅致华美，动人心弦。

第八章

琥珀鉴赏与收藏

一 琥珀的历史渊源

△ 琥珀项链（108粒）

琥珀是一种很早就被人们利用的有机珠宝。在石器时代的遗址中就发现有用琥珀制成的珠子、纽扣及用途不详的制品。我国在春秋战国时代的墓葬中也发现有琥珀制品。

琥珀是什么?古人对此曾有过一些错误的认识。《隋书》中称其为“兽魄”。明李时珍《本草纲目》中记：“虎死，精魄入地化为石，此物状似之，故曰虎魄。”但实际上，早在唐宋时期已有人正确认识到琥珀的来源。唐韦应物（737—786）曾写有一首《咏琥珀》诗：“曾为老伏神，本是寒松液，蚊蚋落其中，千年犹可觌。”宋《陈承别说》中也说：“琥珀乃是松树枝节荣盛时，为炎日所灼、流脂出树身外，日渐厚大，因堕土中，津润岁久，为土所渗泄，而光莹之体犹存”，“其虫蚁之类，乃未入土时所粘者”。可见，其时的认识已与今天十分相似。

在西方，古希腊人曾经相信，琥珀是阳光照耀下海水的结晶（因当地常见漂浮在海面的琥珀）；也有人认为它是太阳西沉入海时淬落的碎片；还有人认为它是神鱼产的卵等。

对琥珀来源的这些神话般的传说，使琥珀在古代一直具有很高的身价。如虎魄说，使人相信它具有镇邪作用，可使佩戴者壮胆去惊，避祸消灾。虎是兽中之王，作为“虎魄”的琥珀自然也有着十分尊贵的地位，为帝五所衷爱。《南史》载：南齐东昏侯（483—501）的潘贵妃有一支琥珀钏，价值170万两白银。

在西方，琥珀也具有十分尊贵的地位。据说古罗马时期，一个小小的琥珀雕像比一名奴隶还值钱。为了获取琥珀，古罗马国王尼禄（37—68）还特意派遣商队远赴波罗的海去采购。1701—1709年，普鲁士国王弗里德利希一世，把数万块琥珀切割、抛光、拼接，建成一座四壁都是琥珀的琥珀宫（高5.3米，面积约55平方米）。后来他的儿子威廉一世把它送给彼得大帝。1740年彼得大帝的女儿伊丽莎白·彼得罗芙娜女皇将其扩建为墙高10米的宫殿。1941年，在第二次世界大战时期，德国入侵圣彼得堡，将其拆卸成30箱运走，自此便下落不明，使这一稀世珍宝的下落成为一个历史之谜。

二　琥珀的基本状况

今天，我们知道，琥珀是古代松柏类植物分泌的树胶、树脂，经长期掩埋，一些相对易挥发的组分丢失并氧化固结而成的树脂化石。由于松柏类植物属于较高等的裸子植物，所以，琥珀主要出现在地质时期的较晚阶段，通常是距今几千万年到几百万年间的第三纪时期。偶尔也发现有较早的，如我国黑龙江曾发现有1.3亿年前中生代时期的琥珀，加拿大也发现有1亿年前的琥珀。

琥珀是一种完全由有机物构成的物质，其化学组成相当于$C_{40}H_{64}O_4$（或$C_{10}H_{16}O$），含少量的硫化氢，微量的氮、铁、硅等，是一种非晶质固体，一般为透明到半透明，少数不透明。树脂光泽。折射率1.539～1.545。相对密度很低，只有1.05～1.09，所以它常可漂浮在海面上。硬度2～2.5，性脆、易断、断口呈贝壳状。不耐高温，150℃时会软化，250℃～300℃时熔化，并具有可燃性。具有挥发性，捏在手中时间稍长，即可挥发出一种优雅的琥珀香味（这一性质使其在中世纪时深受罗马贵妇的喜爱，以致人手一块）。它具有摩擦生电的特性。它还易溶于硫酸和热硝酸中，部分溶于酒精、汽油、乙醚、松节油中。

琥珀通常为各种深浅不同的黄—黄褐色，也常见褐—褐红—红色和黑色，偶尔也有微绿、微蓝、微紫，甚至绿色和蓝色。

琥珀中还常见有小气泡，有小虫、种子、草叶等包裹物，也有石英、长石、高岭石、方解石等混入物。

琥珀通常以颗粒状、饼状、肾状、瘤状、拉长的水滴状等不规则团块产出。每块的重量一般在几克到几千克。在缅甸曾发现一块重15.25千克的大琥珀，现存于英国伦敦自然历史博物馆。在瑞士巴塞尔市自然博物馆则存有另一块大琥珀。该琥珀内包裹有一条长17厘米、生活在2000万年前的完整蜥蜴。它来自加勒比海沿岸的多米尼加共和国。

琥珀在世界上的最重要产地是波罗的海沿岸，包括俄罗斯、波兰、德国、丹麦等的沿岸地区（其中部分矿床受到海水侵蚀，致使琥珀漂散在海中）。这里产的琥珀以质优、量大而著称。其次是意大利的西西里，这里产有特征性的微蓝色和微绿色的琥珀，也有其他颜色偏暗的琥珀。此外，琥珀还产自罗马尼亚、缅甸、多米尼加、黎巴嫩以及美国等地。我国的琥珀主要产自辽宁的抚顺、四川奉节、河南西峡、湖北恩施、云南等地，以抚顺产的品质较好。

三 琥珀的种类

◁ **天然琥珀配钻石耳环、戒指及项链套装**

最大颗主石尺寸约为28.63毫米×18毫米

18K铂金镶嵌天然琥珀，白炽灯下呈现酒红色，日光灯下呈现蓝色，美轮美奂，配镶钻石，典雅大方。

1 | 天然琥珀

琥珀依其树脂光泽，特有的黄色、褐黄色透明体，质轻（密度1.10克／立方厘米）和摩擦生电等特征，与自然界所有天然珠宝区别。此外，用放大镜观察可见流线和圆形气泡，偶尔包有昆虫化石。折光率1.54，用热针触及有芳香味。

2 | 净化琥珀

琥珀易干裂，将整粒琥珀放在植物油中缓慢加热，使之在低温环境中熔融。

熔融后的琥珀颜色变浅，多呈浅黄色。透明度提高，但有时能见到由微细气泡构成的云层。时间长了表面会出现细纹。

3 | 压制琥珀

在加压的条件下加热小粒琥珀使之熔融交结在一起。产品透明度提高，颜色变浅，但在偏光器下可见应变双折射现象。在紫外光照射下还发现有粒状结构。

四
琥珀的鉴别

琥珀有众多的天然和人工赝品。琥珀的天然赝品有两种。一种叫“脂状琥珀”，也称“琥珀脂”。这是一种外观酷似琥珀的化石树脂，通常呈暗褐色，主要来自德国等地。其主要特点是不含琥珀酸（所以人们认为它不属于琥珀的范畴）；硬度低，只有1.5～2，故又有“软琥珀”之称；相对密度也较低，为1.02；磨光效果较差。另一种叫珂巴（copal）树脂，也是一种化石树脂，但年代更新，挥发性组分含量较高，对溶剂的侵蚀较敏感。滴一滴甲醇或乙醚，或丙酮于其表面，将会很快产生一黏疤或凹坑，甚至滴水于其表面，干涸后都会留下渍印，而真琥珀绝无这种反应。珂巴树脂主要来自新西兰、非洲等地。值得注意的是，这两类树脂都有可能和琥珀一样含有昆虫等化石。

琥珀的人工赝品又有两种情况，一种是半真的，另一种是完全仿造的。

半真者最常见的是用来冒充虫珀。其手法也多种多样。据报道，在美国曾发现一种虫珀，它用真琥珀制成，但琥珀中的昆虫则是人工雕刻在其背面的。还有一种是半真琥珀三层石，它用真琥珀为顶，用珂巴树脂为底，中夹人工置放进去的昆虫，然后在一定温度下将其压结在一起。鉴别这种半真虫珀其实并不困难，天然虫珀在昆虫刚被捕获时，它是活的，不甘心束手就擒，因此它必然拼命挣扎，从而使尚未固结的琥珀受到搅动，留下痕迹。而人工放进去的昆虫是死的，不会出现这种搅动的痕迹。

除半真虫珀外，市场上还见有一种被称为“压塑琥珀”的半真品。它是用人造塑料而不是用熔压的方法，把琥珀碎块（或粉末）胶结在一起。这种半真品在显微镜下不难发现，由于胶结物与琥珀基体的物质组成不同，而显现出光性差异。

完全人造的仿制琥珀也可大致分为两种。一种是由各类塑料，如酚醛树脂（电木）、氨基塑料、有机玻璃、赛璐珞、安全赛璐珞、聚苯乙烯、酪朊塑料等制成的仿造琥珀。这些仿造琥珀的共同特点是相对密度较高（大于1.18克／立方厘米，聚苯乙烯例外，只有1.05克／立方厘米），气味不同（可略加热，但得当心，它们大多是易燃的，尤其赛璐珞极易燃），足以鉴别之。另一种常见的仿造琥珀是用玻璃仿造的，其鉴别则更加容易，因其高硬度是琥珀不可能出现的。

五 琥珀的收藏与投资

△ **天然琥珀项链及耳环套装**

琥珀项链珠子直径约为5.23毫米×5.72毫米~21.73毫米×22.98毫米。耳环珠子直径约14毫米

琥珀项链珠子共29颗，间隔配镶14K黄金珠子共14颗，设计典雅大方。

1 | 琥珀的供需概况

据报道，目前世界琥珀市场每年交易额约2亿美元，国际性的市场主要集中在美国、加拿大、意大利以及一些产琥珀的国家。其中俄罗斯的琥珀蕴藏量占世界储量的90%。这里每年开采琥珀600吨~700吨，其中约一半可用于制作珠宝，另一半劣质的用于工业或医药。由于俄罗斯的琥珀加工业相对落后，所以其开采出来的琥珀大多转运到波兰、德国和立陶宛去进行加工，然后再销往世界各地。

在波兰，琥珀是最常见的珠宝品种，也是波兰最具特色的旅游工艺品。波兰的第二大城市格但斯克及其附近的几个城市，集中了许多大大小小的琥珀加工厂；而波兰的第一大城市华沙，则是世界最大的琥珀零售市场和成品集散地。来自欧洲其他国家、美国、加拿大，还有中美洲一些国家的琥珀商都在这里开设办事处，从事转口贸易。

除波罗的海沿岸的琥珀之外，琥珀还来自意大利西西里、罗马尼亚和缅甸。但近代这些地方的产量锐减，以致在国际市场上很少见其踪迹。不过，市场上却可见到一些来自中南美洲国家，如多米尼加、危地马拉、墨西哥等国家的琥珀。它们已成为今天市场上琥珀的另一重要来源，并常以含各种千奇百怪的昆虫为特色。1996年美国自然历史博物馆的科学家还报告说，在一块来自多米尼加的琥珀中，发现有可能属于类哺乳动物的6块脊椎骨和部分肋骨。

◁ **琥珀松鼠葡萄摆件　清代**

高66毫米

琥珀，圆雕。材质通透，色润金黄。镂空圆雕硕桃，桃体依附一串葡萄，藤叶缠绕，蜜蜂栖伏。形制自然，纹饰趣味，料材精良。

我国也产有少量琥珀，主要来自辽宁省抚顺市、河南省西峡市、重庆市的奉节等地，但大多品质较差，市场占有量不大。值得一提的是，新西兰虽然不是琥珀的主要产地，但却产有较多酷似琥珀的珂巴树脂。据说1850年其产量曾高达1000吨，并销往英国和北美。

在珠宝市场上，琥珀是一种非常受人喜爱的珠宝。在欧美，由于受古罗马以来传统的影响，人们对琥珀一直情有独钟。据报道，在20世纪20—30年代，在美国进口的珠宝中，琥珀的进口量仅次于钻石，可见琥珀受欢迎的程度。近年来，美国的进口量虽然有所减少，但美国仍然是世界上琥珀的最重要消费市场。尤其是受电影《侏罗纪公园》的影响，含有各种昆虫的虫珀更成为许多收藏家竞相追逐的对象。

在东方，琥珀也深受人们的喜爱，常被用于制作念珠，并成为泰国人、柬埔寨人的选择对象。

从目前的资料看，国际市场上琥珀的供应是充足的。但是由于目前中低档琥珀市场需求仍然很大，特别是一些流行饰物的用量巨大，促进了琥珀改善处理技术的发展。由于处理成本低，加热处理的琥珀及用碎琥珀加热压塑而成的再生琥珀在市场上大量涌现，会进一步影响琥珀（特别是高质量琥珀）的价格。应该说近年来琥珀的大量开采，使现在琥珀的市场价格比过去有明显下降。但是琥珀除了做珠宝外，还有药用及工业用途，因而天然琥珀的价值仍然是较高的。

◁ **琥珀佛手　清代**

长80毫米

琥珀，圆雕。料质醇透，色泽红润。整料雕佛手，节杆处琢一孔，可作穿系，果体厚实，纹理清晰，刀刻老辣，器形可人。

2 | 琥珀的品种与品质评价

琥珀，根据其颜色、内含物和成分特征、产状等因素可划分为若干不同的品种。琥珀是一种非常特殊的珠宝。它的价值常不主要体现在它的美观与否，而与它神秘的传说有关。“琥珀藏蜂”的虫珀被认为是琥珀中的极品。其价格又因所藏小虫的种类不同而异。据报道，1993年在美国市场上，一块含有完整蚂蚁的琥珀，价格为每克12美元；若包含一只完整的蚊子，价格就可高达几千美元；若包含一只完整的蝎子，则每克将高达2万美元（可以想象到那块包含一整条蜥蜴的琥珀，其价格将会多么惊人）。

琥珀的价值还与它的透明度有关，好的琥珀应是清澈透明的。一些地区由于传统不同，被称为“蜜蜡”的蜡黄色蜡珀受宠。

从颜色来看，则以绿色和透明的红色琥珀价值最高，金黄色次之，微黄、褐红色又次之，最不值钱的是黑褐或石灰白色的琥珀。

琥珀的块度对琥珀的价值评估也很重要。香珀，在琥珀的评价中也占有特殊的地位，此时将依其挥发性的强弱、香味的浓烈程度，而不依其他因素评价其价值。由于品质的差异，在美国市场上琥珀饰品的价格一般在几美元到几百美元之间。市场上的琥珀也常见有经人工优化处理的产品。其中最常见的是热处理和熔压处理。

一些含有大量气泡，透明度不佳的琥珀可通过在菜籽油中缓慢加热，可使其透明度明显提高（这种处理也被称为“油处理”）。经过这种处理的琥珀常会产生所谓的“阳光镜面效应”。它实际上是琥珀中的气泡因受热爆裂，所形成的圆盘形的放射状裂面在光照下显现闪闪发光的镜面效应所致。这种处理，我国国标规定其是属于可接受的优化。但实际上它们与未经处理的琥珀相比，还是有着明显的价格差异。据报道，1999年在中国香港国际珠宝展上，琥珀的价格一般为每克几十港币到几百港币，但含有大量阳光镜面效应的琥珀，价格为每克几港币。

熔压处理是把琥珀碎渣在180℃～300℃的温度下压制而成的再生琥珀。有的在熔压过程中还添加色料，以期提高其颜色等级。这种熔压琥珀也常被称为“半琥珀”。鉴别这种琥珀要注意以下几点。

①在抛光面上用放大镜检查，时可见有因熔合的相邻碎块的硬度不同而出现的凹凸痕迹。

②显示内部结构不均一，有的可见有清澈的和云雾状不同部分的混杂共生；有的小块之间有色较深的氧化层；有些有条纹的碎块显示条纹的延伸方向不同等。

③可见有因受压而变扁的气泡，且气泡分布极不均匀，有的多，有的少（因碎块含气泡情况不同）。

④相对密度偏低，一般为1.03克～1.05克／立方厘米。

⑤耐磨蚀性差，真琥珀在乙醚中无反应，熔压者几分钟后会变软。值得注意的是，当今有些熔压琥珀是把琥珀碎块磨成粉末以后再压制而成的。这时，上述鉴别特征中的① ② ③点是观察不到的，但后两点则会比较明显一些。

六 琥珀的保养

琥珀的收藏保养应注意以下几个问题。

琥珀的颜色会随时间的推移而逐渐加深。出现这种情况不必害怕，这不仅不会影响琥珀的价值，甚至会提高它的价值。市场上有时也可见到为了仿古而故意把颜色染深的琥珀。

琥珀的硬度较低，只有2.5，因此很容易受到硬物的磨损而失去光泽。即使是您的指甲（硬度也是2.5），不小心也会在它的表面留下划痕。所以佩戴时要十分小心，收藏则应用软布包裹。

琥珀还怕高温，遇热会熔化。它也怕酸，汗液的酸性如不及时擦去，时间长了也会使它受损。

琥珀制品如有污垢，可用温和的肥皂水冲洗，不要用牙刷刷（因牙刷的硬度太大），更不要用超声波或蒸汽清除。

◁ **琥珀松鼠葡萄佩　清代**

长60毫米

琥珀料，圆雕。材质滋润，色泽红透。镂空雕肥叶硕果葡萄，藤蔓弯卷，一大一小两松鼠伏爬葡萄上。纹饰生动精美，刻工细腻讲究，形制灵巧可人。